KB013637

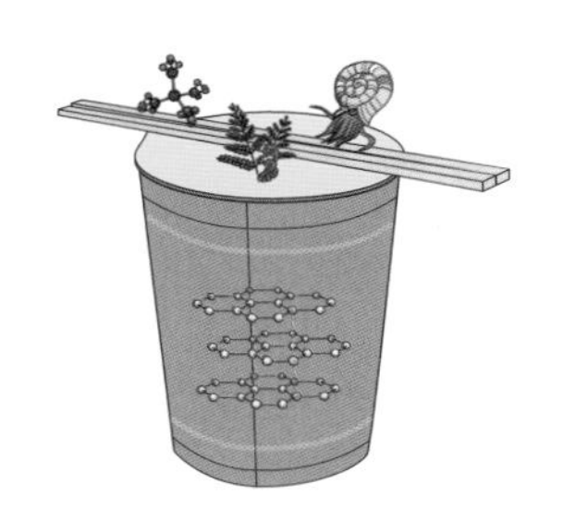

컵라면이 익을 동안 읽는 과학

1판 1쇄 펴냄 2022년 9월 30일
1판 4쇄 펴냄 2024년 9월 25일

지은이 꿈꾸는 과학
그린이 손소휘

주간 김현숙 | **편집** 김주희, 이나연
디자인 이현정, 전미혜
마케팅 백국현(제작), 문윤기 | **관리** 오유나

펴낸곳 궁리출판 | **펴낸이** 이갑수

등록 1999년 3월 29일 제300-2004-162호
주소 10881 경기도 파주시 회동길 325-12
전화 031-955-9818 | **팩스** 031-955-9848
홈페이지 www.kungree.com
전자우편 kungree@kungree.com
페이스북 /kungreepress | **트위터** @kungreepress
인스타그램 /kungree_press

ISBN 978-89-5820-794-8 03400

책값은 뒤표지에 있습니다.
파본은 구입하신 서점에서 바꾸어 드립니다.

컵라면이 익을 동안 읽는 과학

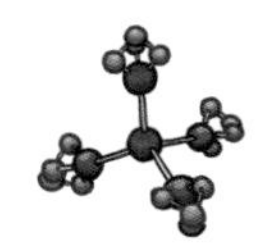

과학과 친구가 되는 21가지 사소하면서도 결정적 순간들

꿈꾸는 과학 지음 | 손소휘 그림

궁리
KungRee

과학과 친해지는 별거 아닌 계기에 대하여

"결국 과학이란 논리라기보다 경험이며, 이론이라기보다 실험이며, 확신하기보다 의심하는 것이며, 권위적이기보다 민주적인 것이다. 과학에 대한 관심이 우리 사회를 보다 합리적이고 민주적으로 만드는 기초가 되길 기원한다. 과학은 지식이 아니라 태도니까."

김상욱 교수의 저서 『떨림과 울림』의 한 부분입니다. 과학이란 무엇일까요? 과학을 좋아하든 좋아하지 않든 과학이 무엇이냐는 질문에 대답하기는 쉽지 않습니다. 과학이 무엇인지 느낌은 알지만 말로 정의하려고 하면 말문이 막히게 되죠. 이는 과학이 지식이 아니라 태도이기 때문입니다. 모르는 것을 모른다고 인정하고, 아는 것은 증거를 들어 합리적인 설명을 내놓는 것을 과학적 태도라고 합니다. 그리고 이 태도는 과학이라는 학문 전체를 이루고 있는 가장 기본적이고 필수적인 요소이죠.

오늘날 DNA가 유전물질이라는 사실은 모두가 잘 알고 있습니다. 그러나 80년 전까지만 해도 과학자들은 단백질이 우리 몸의 설계도라고 믿었습니다. 과학자들은 단 4종류의 뉴클레오타이드를 가진 DNA로는 크고 복잡한 생명체의 정보를 저장할 수 없다고 생각했죠. 그 대신 단백질을 구성하는 아미노산은 20종류가 넘었기에 DNA보다 단백질이 유전물질로 더 적합하다고 판단했습니다. 하지만 1944년 캐나다의 의사였던 오즈월드 에이버리가 실험을 통해 DNA가 유전물질임을 확실히 밝혀냈어요.

에이버리는 폐렴균을 이용해 실험했는데, 폐렴균은 특이하게도 탄수화물 껍데기가 있는 균과 없는 균이 있습니다. 편의상 껍데기가 있는 균은 껍균이라고 하고 껍데기가 없는 균은 없균이라고 부를게요. 없균 사이에 껍균을 넣어주니 없균의 일부도 껍데기를 가지게 되었죠. 에이버리는 이때 껍균이 없균에게 전달해주는 물질이 무엇인지 정확하게 알아내고자 했습니다. 그래서 에이버리는 껍균에서 추출한 단백질, 탄수화물, DNA에 각각 없균을 넣어보았습니다. 그리고 껍균의 DNA에 넣은 없균만이 껍균이 된 것을 확인했죠. 에이버리는 이 실험을 통해 없균을 껍균으로 만드는 유전물질의 정체가 단백질이 아닌 DNA인 것을 알게 되었습니다. 혹시 아직도 단백질이 유전물질이라고 생각하는 과학자를 본다면 즉시 자리를 피하세요. 1940년대에서 시간여행을 온 사람일 수도 있으니까요.

이처럼 과학은 태생적으로 지조가 없는 학문입니다. 무조건 옳거나 완벽해 건드릴 수 없는 성역이 아니죠. 모르는 것은 모른다고 인정하고, 알아낸 것에 대해서도 확신하지 않는 불완전한 학문입니다. 과학은 하나의 관측 결과에 안주하지 않고 새로운 결과가 나타나면 그에 따라 끊임없이 변화합니다. DNA가 유전물질이라는 관측 결과에 따라 유전물질의 정의가 바뀐 것처럼 말이에요. 이렇게 수시로 옮겨 다니는 과학적 사실 앞에서는 누구도 과학을 잘 안다고 할 수 없습니다. 모두가 같은 출발선에 있는 거예요. 연구자들이 따지는 것은 경력이 아닌 과학적 타당성입니다. 경험이 많으면 더 좋은 의견을 낼 수 있겠지만, 경험이 적어도 좋은 발견을 할 수 있어요. 때문에 학문 안에서는 30년차 연구자든 갓 졸업한 대학원생이든 모두가 동등합니다. 그리고 변화하지 않는 과학자는 뒤떨어지죠. 이처럼 과학은 완벽하지 않기에 재미있습니다. 과학은 조심스럽고 어색하게 다가가는 친구가 아니에요. 틀린 말을 하면 비판할 수도 있고, 농담을 할 수도 있는 친구입니다.

우리는 과학을 태도가 아닌 지식으로 받아들이기 때문에 어려워하곤 합니다. 수업시간에 과학에 대해 공부하다 보면 과학이 단순히 사실들의 나열이라고 느껴져 싫어지기도 해요. 하지만 사실 우리나라 사람들은 과학을 좋아하는 편일지도 모릅니다. 크리스토퍼 놀란 감독의 영화 〈인터스텔라〉는 한국과 중국에서 유독 흥행에 성공했다고 해요. 다른 나라에서 흥행하지 못했던 가장 큰 이유는 '영화의 내용이 어려워서'였습니다. 어쩌면 우리나라 사람들은 암기에 지쳤을 뿐, 사실 과학자의 기질을 이미 가지고 있는지도 모릅니다. 과학이 암기과목이라는 편견에 가려져 있을 뿐이죠.

꿈꾸는 과학 필진에게도 과학과 친구가 된 순간이 있습니다. 누군가는 실험이 흥미로웠고, 누군가는 별을 보며 우주의 아름다움을 보았습니다. 또 누군가는 텃밭을 가꾸며 어디든 실험실이 될 수 있다는 사실에 흥미를 느꼈죠. 이처럼 과학을 좋아하게 되는 계기는 의외로 작은 것이 되기도 합니다. 과학은 정말 별게 아니거든요. 이 책은 인생이 염기성인 이유, 뇌에 우동사리가 차 있다는 말이 욕이 아닌 이유 등 무심히 지나쳤지만 듣고 보니 궁금해지는 이야기들을 가득 담았습니다. 여러분에게 이 책이 과학을 좋아하게 되는 별거 아닌 계기가 되었으면 좋겠습니다.

차례

개미를 너무도 닮은 인간

현재 지구를 정복하고 있는 생물은 무엇일까요? 혹시 우리 인간일까요? 실제로 인간이 정복하지 못한 미개척지는 지구 육지 면적의 20%정도밖에 안 되죠. 게다가 협력이라는 강력한 무기를 이용해 국가를 건설하고, 과학기술을 발전시키기도 했습니다. 이런 사실만 보면 당연히 인간이 지구의 지배자로 느껴집니다. 하지만 이런 일들을 다른 동물도 할 수 있다면, 그 동물도 지구의 지배자일까요?

개미는 1억 3000만 년 전 처음으로 지구에 등장했습니다. 그리고 공룡이 멸종했던 6600만 년 전의 대멸종도 이겨내고 지금까지도 지구에서의 자리를 굳건하게 지키고 있죠. 250만 년 전부터 지구에 살기 시작한 인류에 비하면 개미는 지구의 대선배인 셈입니다. 게다가 개미는 그냥 살아남기만 한 게 아닙니다. 지구 전체에 서식하는 개미의 무게를 합치면 인간 전체의 무게를 합친 것과 비슷할 정도로 아주 성공적으로 살아남았죠. 개미가 이렇게 오랫동안 지구에서 성공적으로 살아갈 수 있었던 이유는 바로 '협력' 덕분입니다. '개미'는 약하지만 '개미 군단'은 강했던 거예요. 개미는 서로 협력하여 혼자서는 절대 할 수 없는 많은 일들을 해냅니다. 함께 농사를 지어 먹을 것을 얻기도 하고, 집단면역을 형성하기도 해요.

곰팡이 밭을 일구는 가위개미

인류는 기원전 7,000년 전 농업혁명을 시작으로 크고 복잡한 사회를 이루기 시작했습니다. 농사를 짓기 시작하면서 정착생활을 하게 됐고, 농경지를 중심으로 복잡한 사회가 만들어졌죠. 농업혁명은 인간이 지금처럼 지구에 막강한 영향을 끼칠 수 있게끔 만들어준 아주 중요한 사건입니다. 하지만 신석기 시대의 인간이 쟁기질을 하며 농사의 기쁨을 막 느끼고 있을 때, 그들의 발 밑에는 이미 한참이나 앞서 농사를 시작한 생명체가 있었습니다. 바로 가위개미입니다. 가위개미는 인류 다음으로 지구상에서 가장 크고 복잡한 사회를 만든 동물입니다. 가위개미의 군집 하나에는 800만 마리 이상의 개미가 속해 있죠. 지하의 개미굴은 직경 30m에 달하며, 변두리 굴까지 합치면 80m가 넘는 규모를 자랑해요. 이렇게 거대한 군단을 거느리는 가위개미의 삶은 굴방에서 나뭇잎 조각을 먹여 기른 곰팡이를 중심으로 펼쳐집니다. 마치 인간이 농업혁명 이후 농작물을 중심으로 사회가 형성된 것처럼 말이죠.

가위개미는 개미굴 한쪽 방에 곰팡이 밭을 만듭니다. 그리고 곰팡이에 잎을 먹여 키웁니다. 가위개미는 자신들이 키우는 곰팡이가 어떤 잎을 좋아하는지 감지할 수 있어요. 만약 먹이로 주던 잎이 곰팡이에게 해롭다는 걸 알게 되면 더 이상 그 잎을 주지 않습니다. 그리고 더 좋은 잎을 구하기 위해 굴에서 멀리 떨어진 곳까지도 기꺼이 탐사해요. 이때 가위개미가 잎을 운반하기 위해 이동하는 행렬은 수백 미터에 달하며 장관을 이루기도 합니다. 가위개미가 이렇게 열심히 곰팡이를 키우면 곰팡이는 그 대가로 영양분을 분비합니다. 그리고 가위개미는 이 영양분을 수확해요. 군집 내의 개미들은 이 영양분을 먹으면서 살아갑니다. 인간이 작물을 키우고 그 열매를 수확해서 먹는 과정과 정말 비슷하지 않나요?

가위개미는 보통 한 군집당 한 종류의 곰팡이를 키웁니다. 그렇기 때문에 몇몇 위험한 박테리아에 단 한 번만 노출돼도 곰팡이 밭이 전멸당할 수 있어요. 가위개미는 이를 방지하기 위해 몸에 이로운 박테리아를 키웁니다. 가위개미가 키우는 이 박테리아는 곰팡이에 위험한 박테리아가 자라지 못하도록 해요. 인간으로 치면 해충이 자라지 못하도록 농약을 치는 것과 비슷합니다. 가위개미에게는 위험한 박테리아가 해충이고, 가위개미의 몸에서 키우는 이로운 박테리아는 농약인 셈이죠.

가위개미군집에서 이 이로운 박테리아의 역할은 매우 중요하기 때문에 이들이 사라지면 그렇게 큰 규모를 유지하지 못합니다. 가위개미는 곰팡이가 있어야만 군집이 유지되고, 가위개미가 키우는 이로운 박테리아는 곰팡이들이 잘 자라도록 도와주며, 곰팡이는 가위개미 없이는 살아갈 수 없습니다. 인간이 작물 없이는 크고 복잡한 사회를 유지할 수 없고, 작물은 인간 없이 야생에서 살아갈 수 없게 되는 지독한 공생관계가 개미사회에서도 나타나는 거예요.

개미는 농사를 지을 뿐만 아니라 전염병이 창궐했을 때 집

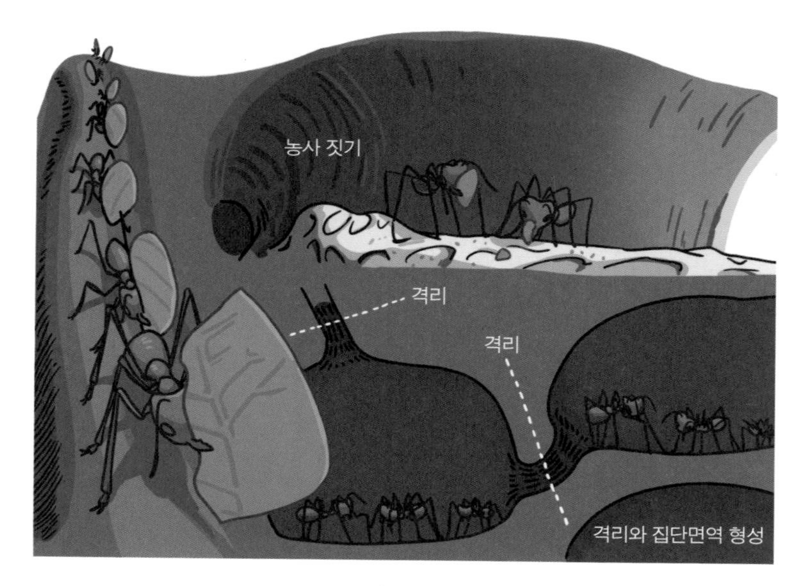

· 개미사회 ·

단면역을 형성하고, 방역을 하기도 합니다. 만약 어떤 개미가 치명적인 곰팡이에 감염되면, 감염된 개미는 개미굴에 들어오는 것이 통제됩니다. 하지만 통제를 했음에도 개미굴 내부에 곰팡이가 퍼지면, 먼저 여왕개미를 곰팡이로부터 보호합니다. 아무도 여왕개미의 방에 출입하지 않음으로써 여왕개미가 감염되지 않도록 하죠. 그리고 활발하던 개미들끼리의 상호작용도 줄어듭니다. 전체적인 상호작용은 줄어들고, 같은 역할을 하는 개미끼리의 상호작용은 증가합니다. 즉, 보모개미는 보모개미끼리, 정찰개미는 정찰개미끼리 상호작용하면서 개미사회는 유지하되 곰팡이는 퍼지지 않도록 하는 것이죠. 그리고 곰팡이에 감염되어 몸에 곰팡이가 자라난 개미의 곰팡이를 떼어줍니다.

이런 행동은 '사회적 거리두기'를 망치는 것처럼 보이지만 전혀 아닙니다. 또, 감염된 개미를 살리려는 행동도 아니죠. 이 행동의 주된 목적은 바로 면역을 얻기 위함입니다. 개미들은 곰팡이를 떼어주면서 몸에 곰팡이가 조금씩 묻습니다. 이렇게 묻은 곰팡이는 개미를 죽일 만큼 많은 양은 아니기 때문에 이 곰팡이에 대한 면역을 얻을 수 있죠. 많은 개미들이 면역을 얻고 나면 이 곰팡이는 더 이상 퍼지지 못합니다. 즉, 집단면역을 얻으며 종식되는 것이죠. 개미들이 곰팡이를 몸에 묻힌 행동이 '백신'의 역할을 한 거예요.

우리는 모두 지구의 세입자

길을 걷다 보면 종종 아주 많은 개미가 모여 있는 것을 볼 수 있습니다. 이는 먹이를 구하기 위해서일 수도 있지만, 어쩌면 두 개미 군단이 전쟁을 일으키는 중일지도 모릅니다. 개미는 인간과 더불어 전쟁을 일으키는 몇 안 되는 동물 중 하나입니다. 그리고 그 과정도 인간만큼이나 잔인하죠. 개미에게는 개미산이라는 강력한 산이 있습니다. 개미가 이 산을 맞으면 몸이 녹아내려요. 개미끼리 전쟁이 일어나면 이 개미산을 발사하며 공격합니다. 또, 강력한 턱을 이용해 상대 개미의 몸을 토막 내죠. 심한 경우 상대 개미굴까지 쳐들어가 여왕개미와 공주개미를 죽이고 그 군단을 완전히 없애버립니다. 그리고 전리품으로 먹이와 애벌레를 약탈해가요.

이런 전쟁은 보통 두 개미군집이 가까이 있을 때 발생합니다. 개미군집이 가까우면 개미가 먹이를 찾기 위해 돌아다니다 다른 군집의 개미를 만나기도 합니다. 이렇게 되면 싸움이 일어나는데, 이때 개미는 경보 신호를 보내 자신의 굴에서 지원군을 요청합니다. 지원군이 하나 둘 도착하면 두 마리의 싸움이 점차 큰 전쟁으로 번지게 됩니다. 그리고 군집의 모든 병사 개미들이 모이면 두 군집 중 하나가 완전히 멸망할 때까지 이 싸움은 끝나지 않죠. 같은 종이어도 다른 군집의 개미라면 거의 이런 전쟁이 발생합니다.

농사부터 집단면역, 전쟁까지 개미는 인간과 참 비슷한 특징을 가지고 있습니다. 인간과 개미 모두 지구에서 정복하지 못한 땅이 거의 없고, 협력을 통해 개인보다 뛰어난 기술을 발휘합니다. 게다가 두 종 모두 전쟁을 일으키기도 하죠. 비슷한 방법으로 살아남은 두 종 중 누가 지구를 지배한다고 볼 수 있을까요? 사실 그 누구도 지구의 지배자라고 할 수 없습니다. 우리보다 일찍 농사를 깨우친 개미도 지배자가 아니며, 과학으로 우주의 시작을 밝혀낸 인간도 지배자가 아닙니다. 우리는 모두 지구의 세입자일 뿐입니다. 그저 이 창백하고 푸른 행성 위에 잠시 머무르다 떠나는 거예요. 지구 역사상 그 어떤 생물도 멸종을 피해가지 못했습니다. 인간도 결코 예외는 아니죠. 우리는 자연을 마음대로 바꿀 수 없으며, 지구를 우리의 입맛대로 조절할 수 없습니다. 지구의 세입자로서 우리가 할 수 있는 일은 오직 조금 더 오래 살 수 있도록 지구에게 부탁하는 일입니다. 그동안 인간은 지구의 지배자 행세를 하며 지구를 마음대로 주물러왔습니다. 그러면서 인간으로 진화할 수 있었던 환경을 인간 스스로가 버리고 있죠.

지구는 그동안 다섯 번의 대멸종을 겪었습니다. 그리고 매번 90% 이상의 생물종이 지구상에서 사라졌죠. 대멸종이 몇 번이나 일어나도 지구는 멸망하지 않고 자리를 지키고 있습니다. 우리는 지구 위에 군림하는 지배종으로서 다른 생명체에게 자비를 베푸는 식으로 환경을 보호합니다. 북극곰을 지킨다든가, 철새들의 살 곳을 보호해야 한다는 목적을 가지고 '지구를 지킨다'고 합니다. 하지만 지구는 우리가 지키지 않아도 몇십억 년 동안은 그 자리에 있을 겁니다. 그러니 우리는 지구를 지키기 위해서 환경을 보호하는 것이 아니라, 지구의 세입자로서 조금 더 오래 살기 위해 환경을 보호해야 하죠. 지금이라도 우리가 가장 우월하다는 생각을 버리고 지구에서 조금 더 성공적으로 살아남을 방법을 찾는 게 어떨까요?

▸ 최자연

참고자료

· 멀린 셸드레이크, 2021, 작은 것들이 만든 거대한 세계 (김은영 역), 아날로그(글담).
· Konrad, M., Vyleta, M. L., Theis, F. J., Stock, M., Tragust, S., Klatt, M., ... & Cremer, S., 2012, Social transfer of pathogenic fungus promotes active immunisation in ant colonies, PLoS biology, 10(4), e1001300.

공룡이 남긴 소중한 충고

티라노사우루스, 안킬로사우루스, 브라키오사우루스, 벨로키랍토르… 어린 시절 한 번쯤은 공룡에 관심을 갖게 되죠. 여러분이 가장 좋아했던 공룡은 무엇인가요? 공룡이 많은 어린이들의 관심을 받는 이유는, 생김새가 독특한데다 주변에서 쉽게 만날 수 있는 동물들보다 몸집이 매우 크기 때문입니다. 그 크기가 어찌나 거대한지 공룡이 한 걸음 내디딜 때마다 지진이 일어난듯 땅이 울렸을 거라고 해요. 사실 '공룡'이라는 이름도 거대한 크기를 생각하여 붙인 이름이에요. 'Dinosaur'은 '무서운', '거대한'이라는 뜻을 가진 그리스어 '데이노스(deinos)'와 '도마뱀'을 뜻하는 '사우로스(sauros)'의 복합어이죠.

이것이 동양으로 넘어오면서 '공룡(恐龍: 무서울 공, 용 룡)'이라 불리게 되었습니다.

현재 지구상에 살고 있는 동물들과 비교하면 공룡의 크기가 얼마나 압도적이었는지 알 수 있어요. 만화 〈아기 공룡 둘리〉에서 둘리 엄마의 모델인 브라키오사우루스는 몸길이가 약 26m, 체중이 57,000kg이었던 거대한 공룡입니다. 현재 육상에서 제일 큰 포유류인 아프리카코끼리보다 약 10배나 무거웠죠. 가장 거대한 육식 공룡으로 알려진 티라노사우루스는 몸길이가 약 12m, 체중은 8,000kg에 육박했어요. 동물의 왕이라 불리는 사자의 어깨 높이는 약 1m, 체중은 약 180kg으로, 티라노사우루스 한 마리의 무게는 사자 45마리와 같았답니다.

'공룡 시대'는 왜 사라졌는가

이렇게 거대한 크기의 공룡들은 2억 3000만 년 전, 중생대의 첫 번째 시기인 트라이아스기에 등장하여 약 1억 6000만 년 동안 주어진 환경에서 꿋꿋이 버티며 생존했습니다. 그들은 모든 대륙에서 번성하며 지구를 완전히 지배했죠. 중생대는 그야말로 '공룡 시대'였답니다. 그런데 백악기 말인 6500만 년 전, 갑자기 공룡들이 사라졌어요. 대체 왜 지금은 땅과 바다, 하늘까지도 지배했던 공룡들을 찾아볼 수 없을까요?

현재 많은 과학자는 갑작스러운 대재앙으로 공룡이 멸종됐다고 믿습니다. 멸종은 어떤 종이 환경 변화에 대처하지 못할 때 일어나요. 영국의 생물학자 찰스 다윈은 "살아남는 종은 가장 강하거나 똑똑한 종이 아니다. 변화에 적응하는 종이다."라며, 생존을 위해선 변화하는 환경에 적응해야 함을 강조하였습니다. 그러니 그 다양했던 공룡이 멸종한 이유는 어떤 공룡도 적응하지 못할 정도로 환경이 급격하게 변했기 때문이라는 거죠.

그 대재앙이 무엇인지 연구하던 과학자들은 백악기 말 지층에서 다량 발견된 '이리듐'에 집중했습니다. 이리듐은 지구의 핵 속에 갇혀 있어서 지구 표면에서는 보기 힘든 희귀 원소예요. 그런데 이상하게도 공룡이 멸종했던 백악기 말 지층에서는 엄청나게 많이 나왔죠. 그러므로 과학자들은 다량의 이리듐이 쌓인 이유가 공룡 멸종과 관련이 있을 거라 생각했어요. 그 이리듐이 어디에서 왔는지는 아직도 의견이 분분합니

삼엽충

양치식물

선캄브리아대	고생대
약 46억 년 전~5억 7천만 년 전	약 5억 7천만 년 전~2억 2500만 년 전

다. 유력한 주장으로 '화산폭발설'과 '운석충동설'이 있어요. 몇몇 과학자들은 백악기 말에 화산이 폭발하면서 이리듐이 지구 깊숙한 곳에서 나왔다고 생각했습니다. 그들은 이를 근거로 '화산폭발설'을 주장했어요. 백악기 말에 연속적인 화산 활동이 일어나 지구의 환경이 급격히 바뀌어 공룡이 멸종되었다는 가설이죠.

실제로 6600만 년 전, 인도 대륙에 거대한 화산폭발이 일어났는데, 이 화산은 이리듐이 풍부한 용암을 무려 100만 년 동안 쏟아냈어요. 용암은 공룡들의 서식지를 파괴하였고, 화산재는 하늘을 덮어 햇빛을 차단했습니다. 하늘을 뒤덮은 화산재 때문에 지구상의 동식물들은 100만 년 동안 햇빛을 보기가 어려웠을 거예요. 햇빛으로 광합성을 하는 식물과 해조류

공룡

암모나이트

매머드

중생대

트라이아스기
약 2억 2500만 년 전~
1억 9천만 년 전

쥐라기
약 1억 9천만 년 전~
1억 3600만 년 전

백악기
약 1억 3600만 년 전~
6500만 년 전

신생대
약 6500만 년 전~현재

는 서서히 죽어갔고, 식물이 죽자 그 식물을 먹고 사는 초식공룡이 굶어 죽기 시작했어요. 결국, 초식공룡을 잡아먹는 육식공룡도 굶어 죽어 갔죠. 생태계가 붕괴된 거예요.

그러나, 모든 과학자가 화산폭발설에 동의한 것은 아닙니다. 이리듐에 대해 다른 견해를 가진 과학자들이 나타났기 때문이에요. 이들은 '운석충돌설'을 주장했습니다. 6500만 년 전, 거대한 운석이 충돌하여 공룡이 멸종되었다는 가설이죠. 이리듐은 운석에 풍부하게 존재하는 원소인데, 때문에 운석이 지구와 충돌하면 지구 표면에서 이리듐이 다량 발견됩니다. 따라서, 운석충돌설을 주장하는 과학자들은 백악기 말에 지구에 충돌한 운석이 그 흔적으로 이리듐을 남겼다고 생각했습니다.

1990년, 멕시코 유카탄반도 칙술루브(Chicxulub)에서 지름

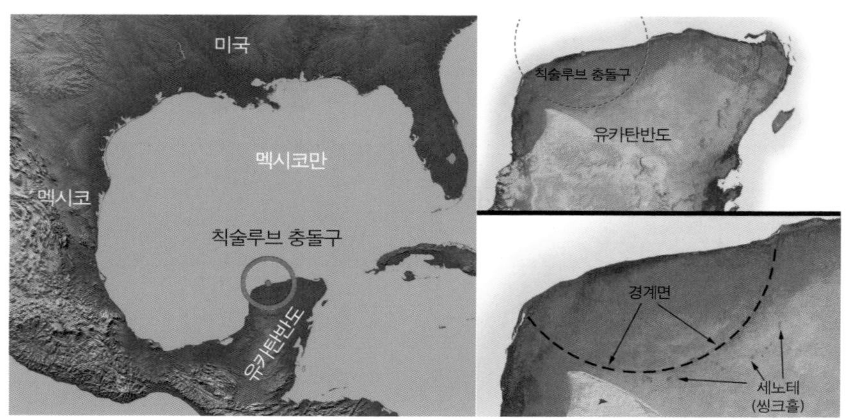

© Alamy.com

· 칙술루브 충돌구 위치 ·

약 180km, 깊이 약 20km의 거대한 구덩이가 발견되면서 운석충돌설은 더욱 주목받기 시작했어요. 이 구덩이는 지름이 10~15km 크기인 운석의 충돌로 생겼다고 추정되는데, 생성 연대를 추적했더니 약 6500만 년 전이었습니다. 공룡의 멸종 시기와 일치한 거예요!

지름이 약 10km인 운석이 지구에 떨어지면 그 지점으로부터 1,000km 안에 있는 모든 생물은 순식간에 생명을 잃습니다. 만약 운석이 우리나라 어딘가에 떨어진다면 한반도에 사는 모든 생물이 죽는다는 뜻이죠. 떨어진 운석은 작은 조각으로 쪼개져 다시 튀어 올라 하늘 전체를 뒤덮습니다. 이렇게 하늘로 올라간 뜨거운 운석조각들로 인해 대기는 마치 전자 오븐 안처럼 뜨거워져요. 그때 온도는 무려 2,000°C입니다. 동물은 모두 바비큐가 되고, 식물은 순식간에 재로 변하는 온도이죠.

앞서 설명했던 화산재의 영향처럼, 충돌 때문에 발생한 먼지는 하늘을 떠다니면서 햇빛을 차단하여 생태계가 붕괴됩니다. 또한, 이렇게 수년간 햇빛이 차단되면 지상의 온도가 급격히 떨어집니다. 이로 인해 많은 식물이 죽고, 먹이가 부족해진 공룡들은 힘겹게 생명을 이어가다가 결국 저체온증으로 죽었다고 해요.

만약 인간의 멸종이 다가온다면

그런데, 과학자들이 공룡 멸종의 원인을 찾는 데 열중하는 이유는 무엇일까요? 무려 6500만 년 전 일인데도 말이죠. 그 이유는, 오랫동안 지구의 지배자였던 공룡이 갑작스레 멸종하게 된 사건은 인간의 멸종을 내다볼 수 있는 창이 되기 때문입니다. 그래서 과학자들은 공룡 외에도 수많은 생물들의 멸종을 연구하고 있죠. 지구상에서 크고 작은 멸종은 흔하게 일어납니다. 지구 생물종의 95% 이상이 사라진 대멸종은 수차례나 되죠. 그러므로, 공룡 멸종의 원인을 연구하면서 오늘날 우리에게 어떤 위험이 닥쳐오는지, 그에 맞서 우리는 어떻게 해야 할지 알아보려는 거예요.

몇몇 학자들은 이미 인간의 멸종이 다가왔다고 말합니다. 인간이 자연을 무자비하게 파괴하기 때문이에요. 특히 '지구의 허파'라 불리는 아마존 우림의 파괴는 인간에게 큰 재앙이 될지도 모릅니다. 농사를 짓거나 도로를 건설하려는 사람들은 땅을 얻는 가장 쉽고 빠른 방법으로 숲에 불을 질러요. 산소를 내뿜던 수만 그루의 나무들이 단 몇 시간 만에 재로 변하죠. 아마존에서 산림 벌채와 화재가 늘어나면, 온실가스 배출이 늘어나게 되고 지구 온난화가 악화되며, 지구 곳곳에서 이상 기후가 발생합니다. 지구의 환경이 급격히 변하고, 우리가 대처하지 못한다면 결국 공룡처럼 멸종되겠죠.

브라질의 국립우주연구원(INPE)은 위성 영상을 분석한 결과, 2020년 8월부터 2021년 7월까지 1년간 아마존 우림 면적의 1만 3,235km^{2}가 사라졌다고 밝혔습니다. 이는 서울 면적의

22배 크기이죠. 아마존 우림이 지금과 같은 속도로 파괴된다면, 우리는 지구 산소의 25%를 만들어내는 산소 탱크를 잃게 될지도 몰라요. 그리고 그 피해는 인간이 고스란히 돌려받게 될 것입니다. 결국 인간은 가해자이면서 가장 큰 피해자인 것이죠.

지구를 1억 6000만 년 동안 지배했던 공룡이 사라졌듯이, 어떤 생명체도 지구를 영원히 지배할 순 없습니다. 오늘날 우리는 불안정한 기후, 황량한 삼림과 토양, 멸종 위기를 마주하고 있어요. 이러한 변화는 인류 전체가 힘을 모아 해결해야 할 문제입니다. 공룡이 남긴 소중한 충고를 명심하며 우리도 자전거나 대중교통 이용하기, 음식물 쓰레기 줄이기, 보일러 온도 낮추기 등 각자 할 수 있는 일들을 실천하면서 지구의 환경이 급격하게 변하는 것을 막아야 해요.

▸ 김가영

참고자료

- 제성은, 2012, 원시인도 모르는 공룡 (정중호 그림), 동아사이언스(과학동아북스).
- 폴 앱스타인 & 댄 퍼버, 2012, 기후가 사람을 공격한다 (황성원 역), 푸른숲.
- Khozyem, H., Tantawy, A. A., Mahmoud, A., Emam, A., & Adatte, T., 2019, Biostratigraphy and geochemistry of the Cretaceous-Paleogene (K/Pg) and early danian event (Dan-C2), a possible link to deccan volcanism: New insights from Red Sea, Egypt, Journal of African Earth Sciences, 160, 103645.
- Schulte, P., Alegret, L., Arenillas, I., Arz, J. A., Barton, P. J., Bown, P. R., ... & Willumsen, P. S., 2010, The Chicxulub asteroid impact and mass extinction at the Cretaceous-Paleogene boundary, Science, 327(5970), 1214-1218.
- NASA, 2003, Relief Map, Yucatan Peninsula, Mexico, https://earthobservatory.nasa.gov/images/3267/relief-map-yucatan-peninsula-mexico
- The University of Texas at Austin/Jackson School of Geosciences, 2021, Asteroid Dust Found in Crater Closes Case of Dinosaur Extinction, https://www.jsg.utexas.edu/news/2021/02/asteroid-dust-found-in-crater-closes-case-of-dinosaur-extinction/

우리는 모두 게놈의 자식입니다!

"이 개놈의 자식아!"라는 말을 들어본 적 있나요? 흔히 행실이 나쁜 사람에게 뱉는 욕설이죠. 이런 모욕적인 말을 들은 후, 화가 나서 맞대응을 하면 큰 싸움으로 번질 수 있어요. '개놈의 자식'이라는 욕을 들었을 때 화를 다스리는 효과적인 방법이 있답니다. 그 방법은 바로 '그래, 난 게놈의 자식이지~!'라고 당당하게 인정하는 거예요. 사실 이 책을 읽고 있는 여러분도, 여러분에게 '개놈의 자식'이라는 욕을 한 사람도 모두 '게놈의 자식'입니다. 왜 우리가 게놈의 자식인 걸까요?

설계도를 바탕으로 건물을 짓는 것처럼, 우리도 설계도에 따라 만들어졌습니다. 거리의 건물들에 제각기 다른 특징이

있듯이, 모든 사람은 눈동자 색, 키, 피부색 등에서 조금씩 다른 특징을 가지고 있어요. 모두 자신만의 독특한 모습과 개성이 담긴 설계도에 따라 만들어졌기 때문이죠. 생명의 설계도, 즉, 우리를 만든 설계도가 바로 '게놈(genome)'입니다!

"너는 정말 엄마를 닮았구나!" 또는 "아빠와 똑같네!"라는 말을 들어본 적이 있죠? 우리는 부모님이 물려준 게놈에 따라 만들어졌기 때문이에요. 그런데, 게놈은 어떻게 물려받는 걸까요? 아빠의 정자에는 아빠의 게놈이, 엄마의 난자에는 엄마의 게놈이 들어 있어요. 정자와 난자가 만나 새로운 게놈을 가진 수정란이 되고, 수정란이 자라서 우리 몸이 되죠. 따라서, 우리의 게놈은 부모님 게놈의 자식인 거예요.

나만의 독특한 모습과 개성을 담은 설계도

게놈은 '유전자(gene)'와 '염색체(chromosome)'의 복합어로,

한 생명체의 특징을 결정하는 모든 정보, 즉, 모든 유전정보를 뜻합니다. 세포가 분열할 때, '염색체'라는 막대모양의 형태로 유전정보가 전달돼요. 염색체는 단백질과 'DNA'로 이루어져 있는데 DNA가 바로 유전정보를 포함하고 있는 물질이죠. 그러니까 정리하면, 생명의 설계도인 게놈은 DNA가 유전정보를 포함한 채 염색체로 응축되어 전달됨으로써 작성되는 거예요. 그렇다면 DNA는 어떤 모양이고, 그 안의 유전정보는 어떻게 만들어지는 걸까요?

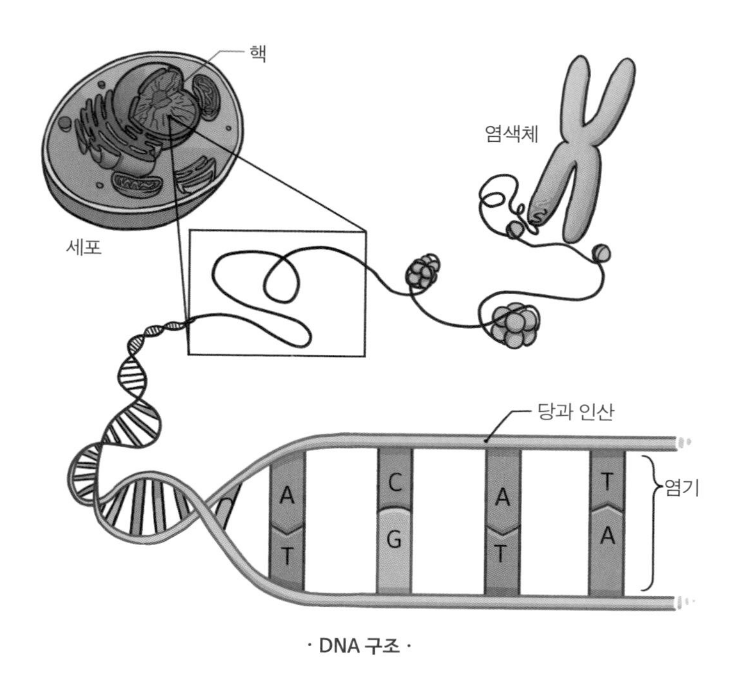

· DNA 구조 ·

DNA는 사다리가 나선형으로 꼬인 듯한 모양이며, 이를 이중나선 구조라고 부릅니다. 이 사다리의 기둥은 당과 인산으로, 계단은 A(아데닌), C(사이토신), G(구아닌), T(티아민), 이렇게 네 종류의 염기로 구성되어 있어요. 계단 한 칸 한 칸은 두 개의 염기가 결합된 염기쌍으로 이루어지죠.

네 종류 염기의 배열 순서가 바로 나만의 독특한 모습과 개성을 담은 '유전정보'이며, 유전정보가 담긴 DNA의 일부 조각을 '유전자'라 합니다. 즉, 유전자는 네 종류의 염기가 배열되는 순서에 따라 다양하게 만들어지는 거예요.

생명의 설계도를 전달하기 위해 유전자, 즉, DNA 염기 서열은 세포가 분열할 때마다 복제돼요. 하지만, 언제나 정확하게 복제되지는 않습니다. 복제 과정 중 실수가 생겨 염기 서열에 변화가 생기기도 하죠. 이를 '복제 오류'라 해요. 대부분의 복제 오류는 위험하기 때문에 세포는 오류를 바로 수정하는 장치를 여럿 가지고 있습니다. 그러나 종종 이 장치가 놓치는 오류도 있어요. 오류가 고쳐지지 않으면 결국 정상 유전자와는 다른 서열을 가진 '돌연변이'가 발생해요. 돌연변이가 발생한 세포는 대부분 스스로 죽거나 면역세포에 의해 제거됩니다. 하지만 이렇게까지 해도 제거되지 않는 돌연변이는 정말 위험할 수 있어요. 그래서 이런 위험한 돌연변이 유전자를 모니터링할 수 있는 기술이 필요해졌죠. 거기에 큰 도움을 준 것이 바로 '인간 게놈 프로젝트'입니다. 인간 게놈 프로젝트는 인간의 DNA를 구성하는 모든 염기의 서열을 밝혀 완전한 유전자 지도를 만들려는 프로젝트예요. 인간 유전자의 종류와 기능을 밝히고 환자와 건강한 사람의 유전적 차이를 비교함으로써, 유방암 및 난소암에 관련된 유전자인 BRCA1, BRCA2 등의 유전자들을 밝혀낼 수 있었죠.

게놈 프로젝트 덕분에 간단한 유전자 검사로도 특정 질환에 대한 발병률도 알 수 있게 되었습니다. 실제로, 할리우드의 유명 배우인 안젤리나 졸리는 유전자 검사를 통해서 BRCA1 돌연변이 유전자를 갖고 있음을 알았어요. 이 유전자를 가지면 유방암에 걸릴 확률이 87%, 난소암에 걸릴 확률이 50%라는 진단을 받은 졸리는 2013년에는 유방 절제 수술을 하였고, 2015년에는 난소 절제 수술을 했습니다.

하지만, 돌연변이 유전자를 가진다고 해서 무조건 그 병에 걸리지는 않습니다. 유전자는 매우 많고, 돌연변이는 어느 부위에서나 발생할 수 있죠. 단일 유전자 내에서도 수많은 돌연변이가 나타날 수 있으며, 이 돌연변이들이 질환에 모두 같은 영향을 주지는 않아요. 게다가 단일 돌연변이 유전자만이 아닌, 여러 유전자 간의 복잡한 상호작용 또는 유전자와 환경적 요소 간의 상호작용이 원인인 복합성 질환도 있습니다. 안젤리나 졸리의 경우도 유방암과 난소암에 걸릴 확률이 100%는 아니었죠. 졸리는 유방암과 난소암을 '예방'하기 위해 유방과 난소를 절제했어요. 유전자 검사로는 발병률을 예측할 뿐 확진 판정을 하는 것이 아니며, 검사 후의 모든 일은 개인의 선택에 달려 있음을 명심해야 해요.

게놈을 둘러싼 기술발전은 어디까지 가능할까요?

우리는 게놈에 따라 만들어졌을 뿐 아니라, 질환의 진단과 치료에도 게놈의 도움을 받으니 정말 게놈의 자식이죠? 우리는 게놈이 담긴 세포를 자손에게 전달하여 유전자를 보존합니다. 우리를 비롯한 생명체의 가장 중요한 임무는 모든 유전 정보, 즉 게놈을 다음 세대로 전달하는 것이기 때문이죠. 언젠가 우리가 죽으면 살과 뼈는 흙으로 돌아가지만, 우리의 유전자는 우리 자손의 세포 속에서 계속 존재합니다. 그리고 그 유전자는 우리 자손의 자손에게 전달되겠죠. 이렇게 전달된 세포 속의 유전자는 대물림되며 영원히 살 수 있어요.

그런데 우리는 지금, 몸 속에 보존된 유전자를 자르고 붙여 새로운 생명 현상을 만들어내는 기술을 가지고 있습니다. 이렇게 편집된 유전자가 대대손손 전달되며 불러올 영향은 예측하기 어렵죠. 우리의 설계도인 게놈을 마음대로 분석하고 수정해도 되는 걸까요? 유전자 분석, 편집 기술의 발전으로 환자의 유전적 체질에 맞춘 질병예방 또는 치료가 가능해졌습니다. 하지만, 그 기술이 나쁘게 이용되는 경우가 생길지도 몰라요.

'특정 질환에 걸릴 확률이 얼마인지', '키가 몇 cm까지 클지'와 같은 인간의 유전정보를 알게 된다면, 그 유전자의 우열을 가르는 것도 가능해져요. 예를 들어, 회사에서 신입사원 채용 시 지원자들의 유전적 우월성을 평가한다면, 부당하게 탈락하는 사람도 생겨날 것이고, 특정인의 유전정보를 훔쳐 사고파는 일이 발생할지도 모릅니다. 이렇게 유전자를 우선시하는 사회가 된다면 우수한 유전자를 가지려고 유전자 조작을 도모할지도 모릅니다. 우수한 유전자를 가진 사람들이 유전자 편집 기술을 독점하고 자신들만의 계급을 만들어 열등한 유전자를 가진 사람들을 지배할 수도 있어요.

그래서 유전정보의 보안을 강화할 방안을 연구하고, 유전자만으로 사람을 판단하고 평가하지 못하도록 사회적인 제도와 법안을 만들어야 해요. 유전공학 기술의 발달이 또 어떤 문제를 만들어낼 수 있는지, 그 문제를 어떻게 해결할 수 있을지 끊임없이 논의해야 합니다. 인간의 건강한 생활에 도움이 되는 방향으로 기술이 발전할 수 있도록요. 우리의 손 안에 있는 유전공학 기술로 생명의 설계도인 게놈을 현명하게 사용하여 인류의 행복한 미래를 만들어 나가야 합니다.

▸ 김가영

참고자료

· 이흥우, 2010, 왓슨이 들려주는 DNA 이야기 (개정판), 자음과모음.
· 서울아산병원 의학유전학센터, (n.d.) 유전자와 검사, https://www.amc.seoul.kr/asan/depts/amcmg/K/content.do?menuId=620#
· Basu, N. N., Hodson, J., Chatterjee, S., Gandhi, A., Wisely, J., Harvey, J., ... & Evans, D. G., 2021, The Angelina Jolie effect: Contralateral risk-reducing mastectomy trends in patients at increased risk of breast cancer, Scientific Reports, 11(1), 1-10.
· Cox, D. B. T., Platt, R. J., & Zhang, F., 2015, Therapeutic genome editing: prospects and challenges, Nature medicine, 21(2), 121-131.
· Van El, C. G., Cornel, M. C., Borry, P., Hastings, R. J., Fellmann, F., Hodgson, S. V., ... & De Wert, G. M., 2013, Whole-genome sequencing in health care, European Journal of Human Genetics, 21(6), 580-584.

유전자 조작을 이용해 포켓몬을 만들 수 있을까?

'포켓몬스터' 게임을 아시나요? 포켓몬스터 게임에는 '포켓몬'이라고 하는 가상의 생명체가 존재합니다. 포켓몬스터 게임 속에서는 다양한 포켓몬이 존재하는데, 그중 뮤츠(Mewtwo)는 자연에서 원래 존재하던 포켓몬이 아닌, 연구실에서 새롭게 태어난 포켓몬이에요. 뮤츠는 한 과학자가 뮤(Mew)라는 포켓몬의 유전자와 여러 포켓몬들의 유전자를 섞어 탄생시킨 인공 포켓몬입니다. 뮤의 유전자로부터 탄생한 포켓몬이기 때문에 '뮤(Mew)'의 두 번째(two)라는 뜻으로 '뮤츠(Mew+ two)'라는 이름을 가졌습니다. 과학자가 새로운 생명체를 창조해내는 건 SF 영화나 소설, 게임에서는 많이 보았지만, 실제로도 새로운 생명체를 창조하는 게 가능할지 궁금해집니다. 과연 현재 과학기술로 뮤츠를 탄생시킬 수 있을까요?

과학자가 뮤츠를 만들 때 사용했다는 '유전자 조작'은 뉴스에서 들어보거나 책에서 한 번쯤은 본 적이 있을 만큼 우리에게 굉장히 친숙한 단어입니다. 흔하게 볼 수 있는 예로 우리가 먹는 '유전자 변형생물(GMO)'을 들 수 있어요. 뉴스나 기사에 '옥수수 GMO, 감자 GMO' 같은 단어가 종종 등장하죠. 유전자 변형 생물(GMO)은 Genetically Modified Organism의 줄임말입니다. 유전자 변형 생물은 생물체가 원래 가지고 있던 DNA를 살짝 바꾸거나, DNA의 일부에 다른 생물체의 DNA를 끼워 넣는 유전자 조작을 통해 새로운 성질을 가지게 된 생물체예요. 과학자들은 콩이나 옥수수, 감자 등 농작물의 유전자를 바꾸어서 농작물이 해충에 강하게 만들거나 수확한 농작물이 더 맛있어지도록 만듭니다. '유전자 조작'은 우리의 삶과는 멀고 어려운 단어처럼 들리지만, 당장 오늘 저녁 식탁에 올라오는 먹을거리에도 유전자 조작 기술이 들어갈 만큼 우리 생활과 밀접한 관련이 있어요.

미술시간에 종이나 리본 같은 재료를 가위와 풀을 이용해 자르고 붙여본 경험이 있을 거예요. '유전자 조작'은 이와 비슷한 활동이라고 볼 수 있어요. 종이를 자르고 붙이듯이 뮤의 DNA와 다른 포켓몬의 DNA를 가위로 자르고, 서로 자른 부분들을 풀로 붙여서 이으면 되겠네요. 이렇게 간단하게 뮤츠의 DNA를 만들어 뮤츠를 탄생시키면 좋겠지만, 성공을 점치기에는 아직 이릅니다.

미술시간에는 손쉽게 종이를 손으로 집어서 자르고 붙일 수 있었지만, 유전자를 자르고 붙이는 일은 조금 어렵습니다.

· 유전자를 자르고 붙이는 방법을 고민하는 과학자들 ·

유전자를 맨눈으로 어떻게 생겼는지 보거나 손으로 만져본 적이 있나요? 한 번도 없을 거예요. 종이는 눈으로 볼 수 있고 편하게 만질 수 있지만, 유전자는 우리 눈에 보이지 않을 만큼 매우 작습니다. 이런 미세하고 작은 재료를 자르고 붙이려면 굉장히 어렵겠죠. 따라서 유전자를 자르고 붙이는 기술은 엄청난 정확도를 요구하는 어려운 기술이에요.

따라서 현재 생명공학 기술을 통해서 뮤와 다른 포켓몬들의 유전자를 자르고 붙인 후, 뮤츠를 탄생시키는 건 어렵습니다. 하지만 너무 아쉬워하지는 마세요. '유전자 편집 기술'은 하루가 다르게 발전하고 있으니, 미래를 기대하셔도 좋습니다.

실제로 과학자들은 이러한 기술을 이용해 새로운 생명체를 탄생시키려고 시도하고 있어요. 매머드는 거대한 상아를 가지고 덩치가 어마어마한 코끼리를 닮은 동물이에요. 약 4,000년 전에 멸종했기 때문에 우리가 지금 매머드를 보고 싶다면 박물관에 가서 그 화석을 보는 방법밖에 없습니다. 그러나 미래에는 멸종한 매머드가 살아 움직이는 모습을 직접 볼 수 있을지도 몰라요. 매머드를 다시 탄생시키려는 '매머드 복원 프로젝트'가 진행되고 있기 때문이죠.

과학자들은 시베리아의 영구동토층에서 매머드의 사체를 발견했습니다. 빙하 속에서 발견된 매머드의 사체에서 추출한 DNA는 손상되거나 일부가 사라졌어요. 따라서 과학자들은 매머드를 복원하기 위해 매머드의 DNA가 손상되거나 빈 부분에 코끼리의 일부 DNA를 채워 넣는 방식을 생각해냅니다. 유전자를 조작해 매머드의 유전자와 코끼리의 유전자를 자르고 붙여 새로운 DNA를 가진 매머드를 탄생시키려고 하는 거죠. 연구가 성공하여 코끼리와 매머드의 DNA를 합쳐 새로운 동물이 탄생한다면, 뮤와 다양한 포켓몬의 DNA를 합친 뮤츠도 탄생할 수 있지 않을까요?

· 매머드 복원 프로젝트는 성공할 것인가 ·

포켓몬스터 영화 〈뮤츠의 역습〉 속에서 뮤츠는 자신을 탄생시킨 과학자를 증오하며 인간에게 복수하기 위해 자신과 힘을 합칠 포켓몬을 구합니다. 뮤츠는 포켓몬인 리자몽, 거북왕, 이상해꽃의 유전자를 복제하여 이들과 똑같이 생긴 복제 포켓몬을 탄생시킵니다. 현재 과학기술로도 리자몽, 거북왕, 이상해꽃과 완전히 같은 복제 포켓몬을 탄생시키는 이런 무시무시한 일이 가능할까요? 놀랍게도 가능하답니다!

상상력이 우리를 어디까지 데려다 줄 것인가

동물 복제는 SF 영화나 소설, 게임에서만 등장하는 이야기가 아닌, 현재도 활용중인 기술이에요. 1996년 과학자들은 양의 유전자를 이용하여 똑같이 생긴 복제 양 '돌리'를 만드는 데 성공합니다. 이후, 양 복제에 그치지 않고 개와 고양이의 유전자를 똑같이 복제하는 데에도 성공하며, 현재는 영장류를 제외한 거의 모든 동물의 복제에 성공했어요.

놀랍게도 반려견도 복제할 수 있답니다. 삼성그룹 고(故) 이건희 회장의 반려견을 복제했다는 사실을 아시나요? 이 회

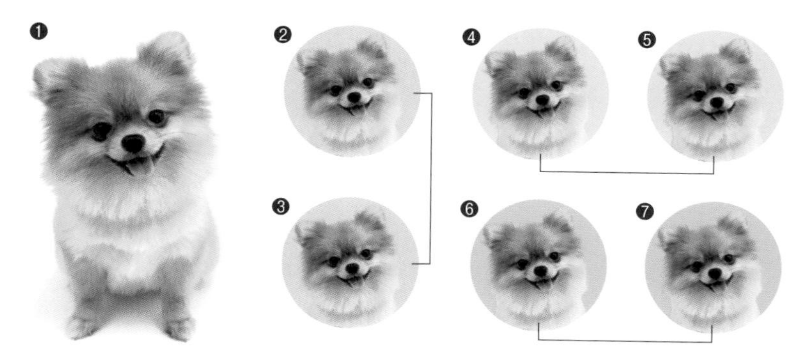

· 강아지 벤지의 복제 ·

장은 반려견인 '벤지'라는 포메라니안 강아지를 굉장히 아꼈다고 해요. 2009년 벤지의 죽음에 슬퍼하던 이 회장은 벤지를 복제하기로 결심했습니다. 충남대학교 김민규 교수의 연구팀은 강아지 벤지의 세포를 전달받았고, 2010년과 2017년 벤지의 유전자를 복제하여 벤지를 여러 번 다시 탄생시켰습니다.

유전자 조작 기술을 이용해 놀랍고 멋진 일들이 생겼지만, 유전자 조작 기술에는 긍정적인 점만 존재하지 않습니다. 유전자 조작 기술에는 윤리적인 문제, 안전성 문제 등 부정적인 점이 존재해요. 유전자 조작 기술을 아무런 규제와 안전장치 없이 발전시키면 위험할 수 있어요. 안전하고 행복하게 과학

기술을 사용 하려면 우리는 유전자 조작 기술에 신중하게 접근해야 합니다.

생명공학 기술이 발달하면서 과거에 우리가 SF 영화나 소설, 게임에서만 상상했었던 멋진 일들이 현실에서 일어나고 있어요. 여러분이 자라나는 세상에서는 상상도 못 했던 기술들이 등장할 거예요.

과학자 알베르트 아인슈타인은 "논리는 당신을 A에서 B로 이끌 것이다. 그러나 상상력은 당신을 어느 곳이든 데려가 줄 수 있을 것이다."이라는 말을 했습니다. 여러분은 SF 영화나 소설, 게임을 그저 허무맹랑한 이야기로만 치부하지 말고, 여러분의 멋진 상상력을 기반으로 그 안의 과학을 마음껏 꿈꾸셨으면 합니다. 상상력이 우리를 과학이라는 넓은 우주 어느 곳이든 데려가 줄 거예요.

▸ 김주영

참고자료

· 김응빈, 김종우, 방연상, 송기원, 이삼열, 2017, 생명과학, 신에게 도전하다: 5개의 시선으로 읽는 유전자가위와 합성생물학, 동아시아.
· 홍수현, 2020, [단독] 故 이건희 회장이 복제한 반려견 '벤지' 이렇게 컸다 (2020년 근황), 뉴스펭귄, https://www.newspenguin.com/news/articleView.html?idxno=3378
· Oliver, M. J., 2014, Why we need GMO crops in agriculture, Missouri medicine, 111(6), 492.
· Shapiro, B., 2015, Mammoth 2.0: will genome engineering resurrect extinct species?, Genome Biology, 16(1), 1-3.
· Vajta, G. & Gjerris, M., 2006, Science and technology of farm animal cloning: state of the art, Animal reproduction science, 92(3-4), 211-230.

뇌가 우동사리처럼 생겼다고?

우리는 가끔 멍청한 행동을 합니다. 저 또한 가끔 안경을 쓴 채 안경을 찾기도 하고, 중요한 문서를 작성하다 아무 생각 없이 '저장 안 함'을 눌러보기도 하며, 내 휴대폰을 찾기 위해 내 휴대폰을 이용해 전화를 걸어보기도 하죠. 우리는 이런 멍청한 짓을 하는 사람을 봤을 때, 종종 이렇게 놀리곤 합니다. "넌 머리에 뇌가 아니라 우동사리만 가득 차 있을 거야!" 뇌의 모습이 마치 우동사리를 뭉쳐놓은 것처럼 생겨서 나온 농담입니다.

반대로 굉장히 똑똑한 사람을 보며 우리는 이렇게 감탄합니다. "와, 너 정말 뇌섹남/뇌섹녀구나!" '뇌섹남/뇌섹녀'는 지적이고 똑똑한 사람이라는 뜻으로, '뇌섹'이란 '뇌가 섹시한'의 줄임말이죠. 그런데 섹시한(똑똑한) 뇌와 우동사리처럼 생긴(멍청한) 뇌, 사실 같은 말이라면 믿으시겠어요?

쭈글쭈글한 주름으로 가득 차 있는 인간 뇌의 모습을 보면, 우리가 아는 '섹시'와는 조금 거리가 있어 보입니다. 이는 마치 호두를 연상시키기도 하고, 우동사리를 뭉쳐놓은 것처럼 보이기도 합니다. 하지만 주름이 가득한 것이 뇌의 세계에서는 '섹시함(똑똑함)'의 상징이랍니다.

뇌의 주름에 대한 고찰

뇌는 왜 우동사리처럼 보일 정도로 주름져 있을까요? '주름져' 있다기보다는 '구겨져' 있다는 표현이 더 적절할 수 있겠네요. 인간의 뇌의 주름을 모두 펴놓는다면 그 표면적이 신문지 한 면 크기만큼 될 겁니다. 하지만 실제 인간의 머리 크기는 한 뼘 정도예요. 신문지 한 면 정도의 크기를 가진 뇌를 집어넣기에는 너무나도 작죠. 뇌가 인간의 두개골 안에 들어가려면, 신문지를 구겨 넣듯 쭈글쭈글하게 되어야 합니다. 즉,

우리 뇌가 주름진 이유는 두개골 내의 공간을 잘 활용하기 위해서입니다.

여러분이 책을 읽을 수 있는 이유는 어쩌면 여러분의 뇌가 주름져 있기 때문일지도 모릅니다. 우리의 뇌가 주름져 있어서, 뇌세포끼리의 거리가 가깝습니다. 그래서 운동, 기억 등 여러 가지 뇌 활동을 위한 신호를 빠르게 보낼 수 있죠. 또, 뇌에는 좁은 혈관이 아주 가깝게 붙어 있는데, 이 또한 우리 뇌가 주름져 있어서 나타나는 구조입니다. 우리 뇌는 혈관으로부터 에너지를 전달받아 활동하는데, 때문에 혈관이 뇌 가까이 자리 잡는 것은 매우 중요합니다. 인간이 책을 읽을 수 있을 정도로 똑똑한 건, 인간의 뇌가 가지고 있는 이런 특성 때문이죠. 그렇다면 다른 동물은 뇌에 주름이 없어서 책을 읽지 못하는 것일까요?

이 질문에 답하기 위해서는 책을 읽지 못하는 동물과 인간의 뇌를 대조해봐야 합니다. 책을 읽지 못하는 동물의 대표로 쥐를 살펴보죠. 우리는 다음 그림에서 쉽게 두 가지 차이점을 발견할 수 있습니다.

첫째, 인간의 뇌는 쥐의 뇌보다 아주 큽니다. 인간의 뇌에 비하면, 쥐의 뇌는 그 크기가 1,000분의 1밖에 되지 않죠. 둘

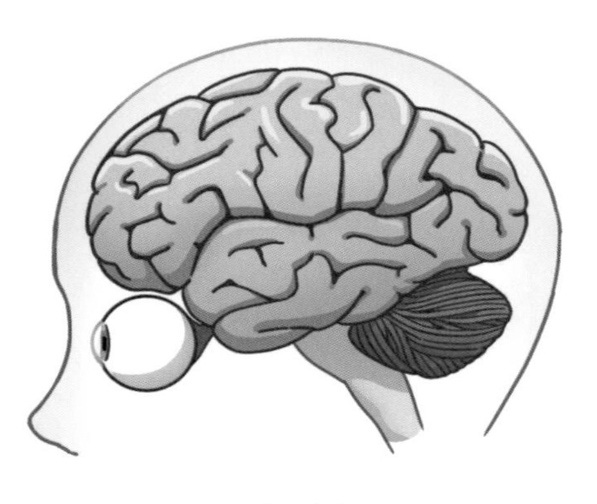

· 사람의 뇌 ·

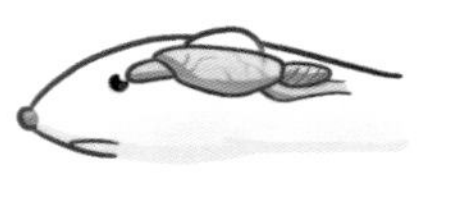

· 쥐의 뇌 ·

째, 인간은 앞쪽의 대뇌와 뒤쪽의 소뇌 모두에 주름이 있습니다. 반면 쥐는 소뇌에는 주름이 있지만, 대뇌에 주름이 거의 없음을 확인할 수 있습니다. 쥐는 인간만큼 대뇌 활동이 활발하지 않기 때문에 굳이 주름을 가질 필요가 없습니다. 쥐의 대뇌가 신문지만큼 크지 않아서 두개골 안의 공간만으로도 충분한 것입니다. 이와 달리 쥐의 소뇌는 인간과 마찬가지로 주름이 있습니다. 쥐는 인간처럼, 소뇌가 들어갈 공간을 효율적으로 활용하고 있다는 말이 되겠네요. 그럼 인간이 쥐보다 똑똑한 이유는 뇌가 크기 때문일까요, 아니면 주름이 많기 때문일까요?

뇌가 클수록 더 똑똑할까?

먼저, 왜 인간이 쥐보다 똑똑한지를 밝히는 가설로 "뇌의 크기가 클수록 지능이 높다"를 세워봅시다. 인간의 진화 과정을 살펴보면 이 가설이 얼추 맞는 것 같습니다. 인간은 진화해 오면서 점점 똑똑해졌고, 진화함에 따라 뇌의 크기가 점점 커졌기 때문이죠. 다음 그림을 보면, 진화하기 이전 초기 인류는 뇌가 작고, 그 뒤 진화를 거쳐 나타난 인류는 그보다 조금 더 큰 뇌를 가지고 있습니다. 그 뒤에 나타난 더 똑똑한 인류는 더욱 큰 뇌를 가지고 있고요. 정리해보면 이 그림에서는 더 똑똑한 종일수록 더 큰 뇌를 가지고 있음을 알 수 있고, 뇌의 크기가 클수록 지능이 높다는 말은 그럴듯해 보이기도 합니다.

실제로 이를 실험에 옮겨본 사람이 있습니다. 미국의 자연

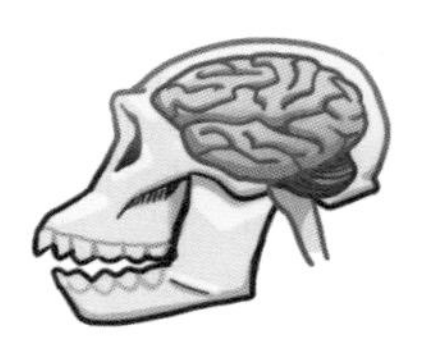

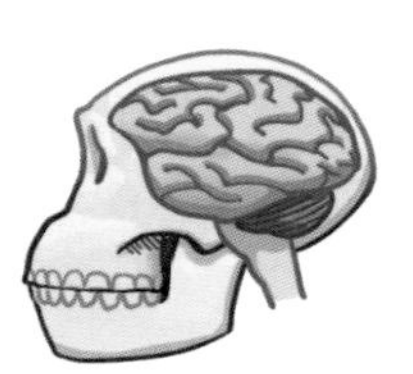

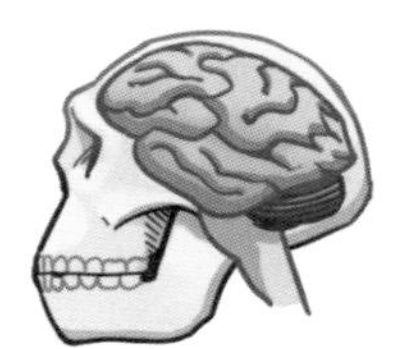

인류학자 새뮤얼 조지 모턴은 뇌의 크기가 클수록 똑똑하다는 가설을 바탕으로 여러 인종의 지능을 파악해보는 실험을 했습니다. 먼저 1,000개 정도의 두개골을 모으고, 이를 인종, 성별 등 여러 기준에 따라 분류한 뒤, 그 부피를 측정했습니다. 결과는 어땠을까요? 백인의 두개골이 가장 크고, 인디언의 두개골이 중간, 그리고 흑인의 두개골이 가장 작았습니다. 그리고 남성의 두개골보다 여성의 두개골이 현저히 작았죠. 그는 연구에서 "백인 남성이 평균 두개골이 가장 크므로 지능이 가장 높다"라는 결론을 냈죠.

하지만 그의 실험은 좋은 실험으로 평가받지 못했습니다. 그는 "뇌가 클수록 똑똑하다"는 불확실한 가설을 전제로 실험했을뿐더러, 인종에 대한 선입견을 가지고 자료를 해석했다는 비판을 받고 있습니다. 실제로 이 실험은 잘못된 정보를 만들어내 인종차별을 정당화했으니 말이죠.

이런 결과를 보니, 뇌의 크기가 클수록 무조건 똑똑한 것은 아니라는 생각이 듭니다. 전 세계에 과학혁명을 일으킨 천재 중의 천재, 알베르트 아인슈타인의 뇌는 다른 사람들의 뇌보다 크지 않았습니다. 오히려 일반인의 평균보다도 작았죠. 그런데 돌고래의 뇌는 인간보다 큽니다. 코끼리의 뇌는 그보다도 훨씬 크죠. 단순히 뇌가 클수록 똑똑하다면, 아인슈타인이 코끼리에게 과학수업이라도 받아야 했을 거예요! 이 가설은 어느 정도 들어맞는 부분이 있긴 하지만, 언제나 맞다고는 할 수 없겠네요.

인간이 똑똑한 이유

그렇다면 인간이 쥐보다 똑똑한 것은 뇌가 주름져 있기 때문일까요? 과학자들은 진화에서 그 대답을 찾을 수 있었습니다. 지능이 낮았던 원시 인간은 다른 동물에 비해 신체적으로 열등한 환경에 놓여 있었습니다. 강력한 근육도, 날카로운 이빨과 발톱도 없었죠. 그런 그들이 살아남기 위해서는 지능을 높이는 수밖에 없었습니다. 정확히는, 지능이 높은 인간만이 살아남았을 거예요.

결정적으로 인간이 똑똑해질 수 있었던 요인은 직립보행이었습니다. 인간이 두 발로 서서 다니면서, 앞발이었던 것은 점차 '손'의 기능을 하게 되었죠. 손을 활용하면서 도구를 잡는 등 많은 감각을 받아들이고 배웠을 것입니다. 실제로 지금까지도 인간의 뇌는 손, 특히 손가락에서 받아들이는 감각에 굉장히 예민하죠. 그렇게 인류는 손을 통해 뇌 속의 수많은 세포를 많이, 또 복잡하게 연결해서 지능을 발달시켰습니다. 그렇게 오랜 세월이 지나며 인간의 뇌와 머리의 크기는 점점 커졌습니다.

하지만 인간의 두개골이 무한히 커질 수는 없었습니다. 늘어나는 뇌세포와 뇌 구조를 모두 집어넣기 위한 새로운 방법이 필요했습니다. 그렇게 인류는 신문지를 구기듯 뇌에 쭈글쭈글한 주름을 만든 것입니다. 그러니 정리하자면, 인간이 똑똑한 이유는 뇌의 크기가 충분히 크면서도, 뇌의 공간을 효율적으로 사용하기 때문이에요. 그리고 주름은 뇌를 효율적으로 사용하면서 자연스레 나타난 현상인 것이죠!

누군가가 "너는 머릿속에 뇌가 아니라 우동사리가 들었니?"라고 놀린다면, 나의 뇌가 쭈글쭈글하게(똑똑하게) 생겼다는 뜻이니 기분 나빠하지 않아도 돼요. 반대로, 그런 말을 하는 친구의 뇌는 똑똑하지 않을 겁니다. 누군가의 마음에 공감하고, 상대의 감정을 예측하는 것은 뇌의 복잡한 지능 활동이기 때문이에요. 그러니 똑똑한 뇌를 가진 여러분은 이렇게 응수해보자고요!

"고마워, 근데 겨우 우동사리? 내 뇌는 훨씬 쭈글쭈글한 라면사리 같은 뇌라고!"

▶ 양현식

참고자료

- 정천기, 2014, 사람 뇌의 구조와 기능, 범문에듀케이션.
- 윤혁진, 2016, 뇌 영상의 형태학적 특성을 이용한 뇌 주름 패턴의 정량·적 분석 (Doctoral dissertation, 한양대학교).
- 전세일, 1997, 뇌기능과 정신작용, 한국정신과학학회지, 1(1), 117-120
- 정천기, 2021, March, 인간 뇌의 이해 [Video], K-MOOC. http://wwwdev.kmooc.kr/courses/course-v1:SNUk+SNU047.019k+2017/course/

개구리 올챙이 적 기억이 해마 신경세포 속에는 남아 있다

다들 어린 시절의 추억을 떠올리면 기억나는 몇몇 장면이 있을 겁니다. 저는 어릴적에 아빠가 자전거의 뒤를 잡아줬던 기억이 지금까지도 남아 있어요. 하지만 그날 무엇을 먹었는지는 기억이 나지 않습니다. 이렇듯 어떤 기억은 오랫동안 남고 어떤 기억은 쉽게 사라지는 이유는 무엇일까요? 기억은 눈, 코, 입 등 감각기관을 통해 들어온 자극을 뇌가 조합해서 생성됩니다. 이런 기억은 크게 2가지 종류가 있어요. 방금 들은 주문번호를 기억하는 것처럼 짧게 기억되다가 소실되기 쉬운 기억인 단기기억이 있고, 주민등록 번호를 기억하거나 자기 생일을 기억하는 것과 같이 긴 시간 동안 지속할 수 있는 기억인 장기기억이 있습니다.

뇌의 한 부분인 해마는 단기기억을 장기기억으로 전환하는 역할을 합니다. 때문에 해마의 크기에 따라 기억력의 차이가 존재하기도 해요. 주변에 뭔가를 잘 잊어버리는 친구가 있다면 그 친구는 상대적으로 작은 해마를 가지고 있을 수 있다는 것이죠. 그렇다면 반대로 큰 해마를 가진 사람들은 어떤 특징을 띨까요?

영국의 신경학자들은 해마의 크기와 기억력의 상관관계를 알아보기 위해 런던의 택시 운전기사 16명의 뇌를 검사해 보았습니다. 그 결과 런던의 복잡한 도로, 작은 골목까지 상세히 기억하는 택시 운전사들의 뇌에서 공통으로 큰 해마가 발견됐죠. 그리고 택시 운전을 오래 한 사람일수록 더 큰 해마를 가지고 있었습니다. 이는 해마가 공간 기억에 있어 중요한 역할을 한다는 것을 알려준 연구였어요. 런던의 복잡한 도로를 기억하는 일을 하다보니, 장기기억 전환을 담당하는 해마의 크기가 커진 것이었습니다. 그럼 엄청나게 많은 길을 알고 있는 구글맵이 사람이 된다면 구글맵의 해마는 우리보다 몇 배는 클지도 모르겠네요!

그만큼 해마는 기억에서 중요한 역할을 합니다. 그래서 손상되면 새로운 정보를 기억할 수 없게 되고, 노화되면 오래된 기계처럼 작동에 문제가 생기기도 합니다. 때문에 세월이 흐를수록 TV리모컨을 어디에 두었는지 깜빡하는 일이 늘어나는 건 자연스러운 일이에요. 하지만 나이가 들면 무조건 기억력이 떨어지는 걸까요?

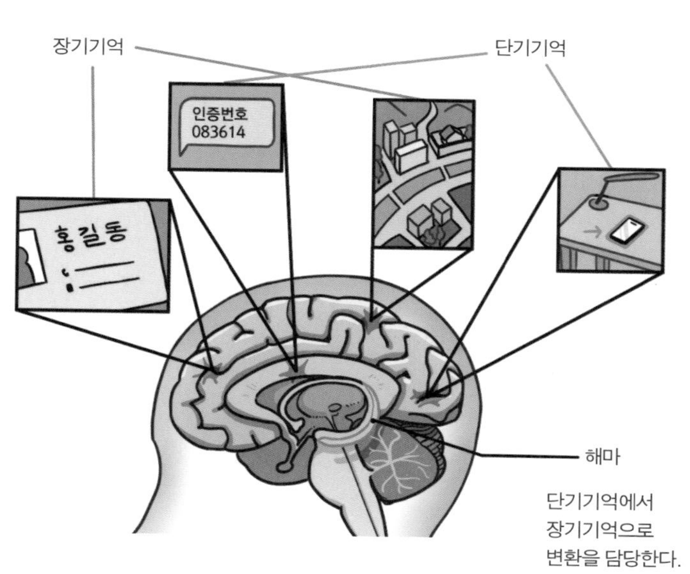

· 기억의 종류에 따라 저장하는 부위가 다르다 ·

1998년 미국 솔크 연구소의 프레드 게이지 교수 연구팀은 성인의 뇌 특정 부분에서 적은 수이지만 새로운 신경세포가 계속해서 만들어지고 있다는 사실을 발견했습니다. 이전까지는 당연히 나이가 들수록 뇌의 신경세포가 감소할 것으로 생각해왔지만, 꼭 그렇지는 않았던 것이죠. 이렇게 새로 생겨난 신경세포들은 서로 연결되어 뇌 기능을 향상시키기도 합니다. 그리고 운동을 자주 하면 뇌로 가는 혈액의 양이 증가해 신경세포에 더 많은 영양이 공급되며 뇌의 효율이 좋아지죠. 이렇듯 나이가 들어도 뇌의 성장을 지속할 방법이 아예 없는 것은 아닙니다. 또, 우리 몸에서 뇌 신경세포의 성장을 돕는 물질이 분비되기도 해요. 바로 '뇌유래신경성장인자(BDNF)'라고 불리는 물질인데, 이 성장인자는 새로운 뇌 신경세포가 자라나도록 해줍니다.

기억과 관련된 질병들

하지만 뇌 신경세포가 늘어나도 해마가 손상되면 기억력에 치명적인 문제가 생깁니다. '간질'이라고도 불리는 뇌전증을 앓던 헨리 모리슨은 뇌전증을 치료하기 위해 해마 주변 부위를 절제하는 수술을 진행했어요. 뇌전증은 뇌의 신경세포들이 동시에 과도하게 활성화되면서 간질 발작을 일으키는 질병인데, 해마의 일부와 그 주변 부위를 절제하면 더 이상 발작을 일으키지 않을 것으로 생각했기 때문이죠.

수술 후 그의 뇌전증은 호전되었지만, 기억력에는 치명적인 문제가 생겼습니다. 그는 수술 이후의 경험을 장기기억으로 저장하지 못하게 되었어요. 지적 능력이나 성격에 변화가 생긴 것은 아니었지만, 새로 만나는 사람의 얼굴, 이름 등 새로 경험하는 내용에 대해 기억을 하지 못하게 된 것입니다. 수술 이전의 일에 대해서나 새로운 배우는 기술에 대한 기억은 할 수 있었는데 말이죠. 모리슨은 단기기억을 장기기억으로 전환해주는 해마가 수술로 손상되어 단기기억과 장기기억은 정상이지만, 단기기억이 장기기억으로 넘어가지 못하게 된 것이었습니다. 모리슨의 사례로 해마의 기능이 밝혀지게 되었고, 기억의 종류에 따라 저장되는 부위가 다르다는 사실이 알려졌어요.

헨리 모리슨의 경우처럼 해마가 손상되어 기억을 5분 이상 지속하기 어려운 질병을 '선행성 기억상실증'이라고 합니다. 단기기억은 5분에서 10분정도는 저장되지만 그 이후에는 사라지기 때문에 해마가 손상되어 단기기억을 장기기억으로 전환하지 못하는 선행성 기억상실증 환자는 기억의 지속시간이 5분정도인 것이죠. 하지만 해마가 손상되어도 자전거 타기, 젓가락질처럼 '기술'에 관련된 기억들은 사라지지 않습니다. 이런 기억들은 '절차 기억'이라고 하는데, 절차 기억은 해마와 관련이 없기 때문이에요.

선행성 기억상실증의 독특한 특징 때문에 종종 영화나 드라마의 소재가 되기도 합니다. 하지만 현실에서 선행성 기억상실증에 걸리기는 쉽지 않아요. 뇌에서 생명 유지에 가장 중요한 역할을 담당하는 '연수'가 해마의 근처에 위치하고 있기 때문에, 해마가 손상될 정도면 연수도 손상되어 생명을 유지할 수 없게 되거든요.

정보의 홍수 속에 우리의 뇌를 잘 활용하려면

학교에서 공부를 하다 보면 기억력이 좋은 친구들이 부러워지곤 합니다. 책을 단숨에 외워버리고, 시험에서도 괜찮은 성적을 거두는 것을 보면 좋은 기억력은 마치 초능력처럼 보일 정도죠. 그래서 누군가는 기억력이 좋아지는 영양제나 음식을 먹어 기억 초능력을 얻고 싶어합니다. 하지만 꼭 영양제나 음식을 먹지 않더라도 기억력을 높여줄 수 있는 방법이 있습니다. 심지어 돈도 들지 않아요. 바로 '잠을 잘 자는 것'입니다.

우리가 잠을 잘 때 뇌는 하루 동안 있었던 일들의 기억을 정리합니다. 어떤 기억은 장기기억으로 옮기고, 어떤 기억은 삭제되죠. 특히 잠들기 직전에 본 내용은 장기기억으로 저장될 확률이 높아집니다. 여러분도 시험공부를 할 때 밤을 새어가며 하기보다는 수면시간을 어느 정도 정해놓으세요. 뇌에게도 낮의 정보를 정리할 시간이 필요하니까요.

기억력을 키우기 위해서는 해마를 단련하는 것도 중요합니다. 그러기 위해서는 신선한 자극이 필요해요.

첫번째로, 감각을 이용하는 방법이 있습니다. 추상적인 내용을 언어로 기억하기보다 정보를 시각적으로 기억하면 더 잘 기억할 수 있습니다. 예를 들면, 사과에 대한 글로 쓰인 설명을 반복해서 읽는 것보다 직접 보거나 상상해서 모습을 형상화하는 것이 기억이 더 잘 난다는 것이죠. 시각뿐 아니라 다양한 감각을 동시에 활용하는 방법도 있습니다. 그래서 단어를 보면서 외우는 것보다 쓰면서 말로 뱉으면 더 잘 외워지는 것입니다.

마지막으로 스트레스를 잘 관리하면 기억력 향상에도 도움이 됩니다. 스트레스가 심하면 단기기억을 장기기억으로 전환하는 데 중요한 역할을 하는 호르몬의 농도가 낮아지거든요. 이는 기억력에 악영향을 미칠 수 있습니다. 따라서 과도한 스트레스를 받지 않도록 관리하는 것도 기억력을 향상시키는 방법이 될 수 있어요.

뇌의 용량에는 한계가 있습니다. 그래서 정보의 홍수 속에 살아가는 요즘, 이 모든 것을 외우는 것은 불가능에 가깝죠. 어쩌면 정보가 넘쳐나는 요즘 시대에는 정보를 전부 외우기보단 어떤 정보를 어디에서 찾을 수 있는지 아는 것이 더 중요해질지도 몰라요.

우리는 가끔 초심을 잃고 예전과 다르게 행동하는 사람을 보며 '개구리가 올챙이 적 생각 못 한다.'라고 말하곤 합니다. 하지만 초심을 잃고 행동하는 사람들의 예전 모습은 그들은 기억하지 못해도 해마가 기억하고 있을 수 있습니다. 해마가 장기기억을 너무 깊숙한 곳에 저장해버려서 기억을 꺼내오기가 힘들 뿐이죠. 우리의 올챙이 적을 하늘이 알고 땅이 알고 주변 사람들이 알고 해마가 알고 있는 겁니다. 그러니 항상 겸손하고 초심을 잃지 않는 사람이 돼야겠네요.

▸ 이효은

참고자료

· 강윤정 & 차귀령, 2017, 기억을 만드는 해마, 기억에 정서를 입히는 편도체, Brain, 63, 37-39.
· 브레인 편집부, 2018, 해마, 기억제조의 장인, Brain, 4, 1.
· Bear, M., Connors, B., & Paradiso, M. A., 1996, Neuroscience: Exploring the brain, Williams & Wilkins.
· Gluck, M. A., Mercado, E., & Myers, C. E., 2008, Learning and memory: from brain to behavior, Worth Publishers.

내 몸 속에 사랑의 묘약이 있다

소설 '해리 포터' 시리즈에는 사랑에 빠지게 만드는 '사랑의 묘약'이 등장합니다. 사실 정확히 말하자면 이는 '사랑을 불러일으키는' 마법약은 아닙니다. 호그와트의 마법약 교수인 슬러그혼 교수의 말에 의하면 사랑의 묘약은 어떤 것에 대한 강력한 열망을 끌어내줄 뿐, 진짜 사랑을 만들지는 못하죠. 비록 소설 속 설정에 불과하지만 현실의 사랑과 꽤 비슷합니다. 우리 몸에서도 '천연 사랑의 묘약'이 만들어지는데, 이 천연 묘약은 '사랑'을 만들어내는 게 아니라 '두근거림'을 만들 뿐이거든요. 그래서 우리는 그 '천연 사랑의 묘약'으로 인해 만들어지는 두근거림이 사랑인지 긴장인지 구분을 할 수 없어요.

우리 몸에는 사랑의 묘약 말고도 다양한 마법약이 만들어집니다. 어떤 것은 기분이 좋아지게 만들기도 하고, 어떤 것은 스트레스를 느끼게 하기도 해요. 몸에서 만들어지는 이런 천연 마법약을 '호르몬'이라고 합니다. 호르몬은 체내에서 만들어지는 화학물질인데 다양한 역할을 합니다. 사랑을 하면 오로지 감정만 느껴지지는 않죠. 심장이 두근거리고, 손에 땀을 쥐기도 합니다. 이렇게 감정뿐만 아니라 몸의 상태까지 만들어낼 수 있는게 바로 호르몬이에요.

이처럼 우리는 누군가를 좋아할 때 심장이 두근거리는 것을 느낍니다. 이런 두근거림은 불가능하다고 여기는 일에 도전할 수 있도록 하는 용기가 되기도 하죠. 이때 분비되는 호르몬이 바로 '에피네프린'입니다. 에피네프린은 심장을 빨리 뛰게 만들고, 땀이 많이 나도록 해요. 그런데 어디서 많이 본 증상이지 않나요? 긴장할 때에도 심장이 뛰고 식은땀이 나죠. 신기하게도 우리의 뇌는 긴장할 때의 떨림과 설렘 때의 두근거림을 구분하지 못합니다. 두 순간 모두 에피네프린이 분비되기 때문이에요. 때문에 우리가 느끼는 감정이 긴장인지 사랑인지 예상할 수 있는 방법은 오직 손에 흐르는 땀과 두근거림뿐입니다. 마치 무언가에 대한 강한 열망을 사랑으로 착각하게 만드는 사랑의 묘약처럼 에피네프린은 우리를 착각에 빠지게 할 수 있습니다.

호르몬의 마법에 빠지다

실제로 1974년 컬럼비아 대학교에서는 이를 증명하기 위해 캐나다 밴쿠버의 캐필라노 계곡에서 재미있는 실험을 진행했습니다. 실험에 참가한 남성들 중 절반은 높이 70m의 흔들다리를 건너고, 나머지 절반은 3m 높이의 고정된 다리를 건너게 했어요. 다리를 건넌 후에는 한 여성이 다가와 엉뚱한 설문조사를 참여하게 했습니다. 그리고 설문 결과가 궁금하면 자신의 번호로 전화를 하라며 남성 참가자들에게 전화번호를 주었어요. 그러자 정말 재미있는 결과가 나왔습니다. 높은 흔들다리를 건넜던 남성 참가자의 50%가 여성에게 전화를 걸었고, 낮은 다리를 건넜던 남성 참가자는 겨우 13%만이 전화를 걸었던 것이죠. 또, 높은 흔들다리를 건넌 남성들의 전화 내용에는 유혹적인 내용이 많이 포함되어 있던 것에 비해 낮은 다리를 건넌 남성들의 전화는 평범한 내용이었습니다.

· 사랑하는 데 다양한 호르몬들이 관여한다 ·

이 실험은 우리가 긴장과 사랑을 구분할 수 없다는 사실을 잘 보여줍니다. 실제로 높은 곳에서 고백하면 성공률이 높다는 이야기도 있으니 말이에요.

사랑의 묘약이 만든 강한 열망이 진짜 사랑이 아니듯이, 두근거림이 사랑의 전부는 아닙니다. 긴장을 이용해 성공한 고백의 대부분이 오래가지 못하는 이유가 바로 이 때문이에요. 두근거림에서 사랑으로 발전하기 위해서는 쾌감과 설렘

이 필요합니다. 그리고 이 감정은 '도파민'이라는 호르몬에 의해 만들어지죠. 도파민은 행복감, 즐거움, 쾌감을 느끼게 해주는 호르몬입니다. 도파민이 분비돼야 그 사람을 볼 때마다 행복하고 즐거워야 하는데, 뇌의 착각을 이용한 고백은 도파민이 분비되지 않아, 긴장감이 사라지고 나면 금방 식어요. 그러니 실패가 두려워 뇌의 착각을 이용하는 것보다 상대방의 감정을 솔직하게 받아들이는 게 좋겠죠.

해리 포터에 나오는 사랑의 묘약은 강한 열망을 만들어낼 뿐이었지만 우리 몸에서 만들어지는 수많은 사랑 호르몬들은 더 많은 일을 합니다. 사랑의 유효기간은 900일이라는 이야기를 들어본 적이 있나요? 신기하게도 이는 전혀 근거 없는 이야기가 아닙니다. 실제로 '콩깍지 호르몬'이라고도 불리는 '페닐에틸아민'의 수치는 길어야 3년 정도면 크게 줄어들기 때문입니다. 페닐에틸아민이 한창 분비될 때에는 연인이 어떤 행동을 해도 좋고, 상대의 결점이 보이지 않으며 이성이 마비됩니다. 흔히 콩깍지가 씌었다고 하는 행동을 하게 돼요. 영화 〈해리가 샐리를 만났을 때〉의 해리가 샐리에게 자신의 마음을 고백하는 장면에서는 이런 대사가 나옵니다.

"나는 바깥이 22℃나 되는 날씨에도 춥다고 징징대는 너를 사랑해, 샌드위치 하나 주문하는데도 한 시간씩이나 걸리는 너를 사랑해. 나를 얼간이처럼 바라볼 때 콧등에 작은 주름이 생기는 너를 사랑해. 하루 종일 너와 지내고 나서도 내 옷에 남은 네 향기를 맡을 수 있어서 너를 사랑해."

다른 사람들이 보기에는 비이성적으로 보일 수 있는 대사이지만 아마 이 말을 하는 해리는 진심이었을 거예요. 그리고 해리는 페닐에틸아민의 마법에 빠져 있었겠지요.

하지만 3년이 지나 페닐에틸아민이 줄어들면 페닐에틸아민이 만들던 마법도 사라지기 시작합니다. 콩깍지가 벗겨지는 거예요. 많은 연인들은 이때 권태기를 겪게 됩니다. 그리고 이 관계가 오래도록 지속될지, 혹은 끝날지는 이 시기에 결정돼요.

연애 초창기에는 도파민이 주는 쾌감과 페닐에틸아민이 씌워주는 콩깍지 덕분에 열정적이고 자극적인 사랑을 합니다. 두 호르몬이 쾌락을 담당하기 때문이에요. 그리고 쾌락은 중독되기 쉽죠. 때문에 이 호르몬이 줄어들면 대부분이 위태로운 권태기를 보내게 됩니다. 새로운 자극과 쾌감이 줄어든 것을 더 이상 사랑하지 않는다고 느끼기 때문이에요. 그렇다면 도파민과 페닐에틸아민의 중독에서 벗어나 성숙한 사랑의 단계에 이르게 되면 어떻게 될까요?

쾌락의 중독에서 벗어나 관계의 권태기를 거치고 나면, '옥시토신'이라는 호르몬이 그 자리를 대신하기 시작합니다. 옥시토신이 활약하기 시작하면 페닐에틸아민의 유효기간을 넘어서도 사랑을 할 수 있게 되죠. 옥시토신이 활약하기 전에는 연인이 무엇을 해도 좋고, 심장을 주체할 수 없는 사랑을 했다면 옥시토신이 활약한 후에는 가족과 같은 유대감이 형성됩니다. 즉, 유대감을 바탕으로 한 성숙한 관계로 발전하게 되는 것이죠. 마치 비 온 뒤 땅이 굳듯, 페닐에틸아민의 부족으로 콩깍지가 벗겨진 후에 조금만 견뎌내면 옥시토신이 연인 사이를 더욱 단단하게 만들어주는 거예요.

호르몬을 통해 아주 조금은 사랑을 이해하다

이 외에도 아주 많은 호르몬이 사랑을 할 수 있도록 도와줍니다. 엄청나게 다양한 사랑의 묘약들이 사랑을 느끼게 하는 거죠. 이 호르몬들은 부재로 존재를 증명하듯 사라지고 나면 많은 변화를 일으킵니다. 연애하는 동안의 바보짓들을 부끄러워하며 이불을 발로 차게 만들죠. 분명 그때에는 한 편의 로맨스 드라마 같았던 장면들이 시간이 지나면 코미디 쇼처럼 느껴지기도 합니다. 하지만 그렇다고 해서 사랑을 하던 시절의 내가 진실되지 않았던 것은 아니에요. 그저 그때가 지금보다 사랑 호르몬이 많았을 뿐입니다.

고귀하고 위대한 줄 알았던 우리의 '사랑'이라는 감정이 알고 보니 그저 에피네프린, 도파민, 페닐에틸아민과 같은 화학물질이 만든 것이라고 하면 어쩐지 세상이 너무 삭막해 보입니다. 하지만 사랑을 만드는 호르몬이 무엇인지 알았다고 해서 사랑의 가치가 떨어지는 것은 아니에요. 우리가 별이 빛나는 물리학적인 이유를 알아냈다고 해서 별의 아름다움이 사라지지 않는 것처럼 말이죠. 우리는 그저 사랑을 아주 조금 이해했을 뿐입니다. 인간은 의미가 없는 세상에 의미를 부여하면서 사는 생명체입니다. 호르몬 자체는 아무런 의미가 없지만, 우리가 거기에 '사랑'이라는 의미를 붙임으로써 그 아름다움이 완성됐죠. 김춘수의 시 〈꽃〉에는 이런 구절이 나옵니다.

내가 그의 이름을 불러 주기 전에는

그는 다만

하나의 몸짓에 지나지 않았다.

내가 그의 이름을 불러 주었을 대

그는 나에게로 와서

꽃이 되었다

(후략)

여러분이 느끼는 호르몬의 소용돌이는 '하나의 몸짓'에 지나지 않습니다. 하지만 여러분이 거기에 이름을 붙여준다면, 비로소 아름다운 '꽃'이 될 수 있습니다. 호르몬뿐만이 아니라 모든 것은 그 자체로는 아무런 의미가 없습니다. 김춘수의 시처럼 아름다운 꽃조차 우리가 아름답다고 말해주지 않았다면 영원히 아름답지 않았겠죠. 의미부여는 인간만이 가지고 있는 특혜입니다. 세상은 텅 비었고 어떤 의미도 가지고 있지 않습니다. 하얀 도화지 같은 세상에 의미부여라는 물감을 칠해 보세요. 삭막하고 비어 있던 세상이 어떤 모습의 세상이 될지는 여러분이 부여한 의미에 달려 있습니다.

▸ 최자연

참고자료

- Cotton, J. L., 1981, A review of research on Schachter's theory of emotion and the misattribution of arousal, European Journal of Social Psychology, 11(4), 365-397.
- Godfrey, P. D., Hatherley, L. D., & Brown, R. D., 1995, The shapes of neurotransmitters by millimeter-wave spectroscopy: 2-phenylethylamine, Journal of the American Chemical Society, 117(31), 8204-8210.
- Marazziti, D., & Canale, D., 2004, Hormonal changes when falling in love, Psychoneuroendocrinology, 29(7), 931-936.

개똥도 약에 쓰려면 없다

권정생의 『강아지 똥』은 아무 쓸모없다고 여겨지는 강아지 똥이 민들레꽃을 피우는 데 소중한 거름의 역할을 한다는 내용의 감동적인 동화입니다. 세상에 쓸모없는 것은 없다는 중요한 교훈을 담고 있죠. 만약 이 동화 속 강아지 똥이 민들레가 아닌 의사를 만났다면 어땠을까요?

실제로 허준이 쓴 『동의보감』을 보면 강아지 똥이 의사를 만났다는 것을 볼 수 있어요. 흰 개의 똥을 말려서 불에 태운 후 술에 타 마시면 뭉친 것을 풀어주고 해독효과가 있다는 기록이 있습니다.

또한, 중국에서 대변의 의학적 사용에 대한 자료는 4세기

까지 거슬러올라갈 수 있습니다. 무려 1,700년 전에 똥으로 만든 치료가 54가지나 존재했어요. 그중 강아지 똥은 정신병과 염증 치료에 사용됐습니다. 게다가 강아지뿐만 아니라, 복치, 날다람쥐, 멧돼지, 소 등 56종의 똥을 사용해서 피부병이나 정신병 등을 치료하려 했습니다. 심지어 2015년 기준 중국의 약 기록에는 멧돼지의 똥을 사용한 약이 포함되어 있기도 했어요. 약에 똥을 넣는다는 소리가 황당하게 들리겠지만 실제로 '똥약'의 효과는 실험을 통해 입증된 바가 있습니다. 장에 염증이 생겨 장 내벽이 손상된 쥐에게 멧돼지 똥을 이용해 만든 약을 주자, 염증으로 인한 내벽 손상이 줄어든 것이죠.

장내 미생물이 하는 일

똥이 서구에서 본격적으로 유명세를 탄 건, 1960년대부터입니다. 그 당시 의사들에게 가장 큰 골칫거리는 수술 시 세균에 의한 감염이었습니다. 이걸 방지하기 위해 의사들은 다량의 항생제를 처방했어요. 그러나 여기엔 심각한 부작용이 있었습니다. 수술을 위해 항생제를 투여한 환자들이 설사를 호소하는 경우가 많았던 것이죠. 미생물학자이자 의사인 스탠리 팰코는 그 해결책이 '똥'에 있다고 생각했습니다. 팰코는 수술 전, 환자의 똥을 채취해 보관해두었다가 수술이 끝나면 환자에게 복용하도록 했어요. 팰코의 이런 엽기적인 처방에 대해 알게 된 병원장은 당장 팰코를 해고했습니다. 그러나 수술만 하면 설사에 시달리던 환자들이 팰코의 처방 이후 상태가 호전되는 것을 목격한 병원장은, 2일 만에 그를 다시 고용했죠.

이 방법이 왜 효과가 있었을까요? 장내에 있는 미생물 때문입니다. 우리 몸에는 인간의 세포뿐만 아니라, 눈으로 보이지 않는 작은 생물체인 미생물이 존재합니다. 우리의 몸은 30조 개의 세포로 구성되어 있는데, 몸 속에 살고 있는 미생물은 39조 마리나 되죠. 그렇기에 미생물은 그만큼 우리 건강에도 많은 영향을 미칩니다. 그중 유독 많은 영향을 미치는 미생물은 장내 미생물입니다. 장내에는 설사나 고열을 유발하는 유해균도 있지만, 면역력을 유지하고, 행복 호르몬인 세로토닌 등을 분비하는 유익균이 훨씬 많습니다. 이러한 장내의 유익균과 유해균은 대략 85:15로 존재하며 여러 중요한 역할을 합니다.

그러나 수술을 위해서 항생제를 먹으면 유익균도 함께 죽어요. 유익균과 유해균이 모두 죽게 되면, 호르몬 불균형이 오고, 면역력과 소화력이 떨어집니다. 이 자체만으로도 문제이지만, 항생제에도 끄떡없는 균이 자라, 독성을 내뿜기 시작하면 정말 큰일이 납니다. 항생제를 처리해도 죽지 않는 균을 '항생제 내성균'이라고 하는데, 그중엔 클로스트리디움 디피실이라는 무시무시한 균도 있죠. 이 균에 감염됐을 경우 열과 만성 설사에 시달리게 됩니다. 때문에 더 강한 항생제를 사용할 수도 있지만, 그렇다고 해서 완치되기는 어렵습니다. 재발률이 30%나 되기 때문이죠.

팰코의 아이디어에서 영향을 받아 탄생한 '미생물총 대변이식'은 자신의 똥을 이식하는 게 아니라 건강한 사람의 똥을 이식한다는 점에서 다릅니다. 장내 미생물이 많은 역할을 하는 만큼, 건강의 비결이 장내 미생물, 즉, 똥에 있다고 생각해 탄생한 방법이죠. 미생물총 대변이식에 사용되는 똥은 생리식염수에 섞은 후 정제하여 장이나 위, 소장 등으로 투입됩니다. 호주와 미국 연구자 토마스 보로디와 알렉산더 코럿의 공동연구팀이 2012년 《네이처 리뷰 소화기내과학 및 간장학》에 게재한 논문에 따르면 건강한 사람의 대변을 정제해 클로

스트리디움 디피실에 의한 만성 설사병 환자의 장에 넣었더니 증상이 사라지고 약 90%가 완치됐다고 합니다. 외국에서는 클로스트리디움 디피실에 의한 만성 설사병 외에도 장 질환과 심각한 변비 등도 미생물총 대변이식으로 치료하고 있다고 해요.

똥을 도대체 어디서 구하는 걸까?

그러나 개똥도 비닐봉지에 수거해가야 하는 마당에 건강한 사람 똥은 어디서 구할까요? 매사추세츠공대(MIT) 마크 스미스 교수는 연구 중 18개월 동안 만성 설사병에 시달리다가 '미생물총 대변이식'을 받고 건강을 되찾은 사례를 목격했습니다. 그는 더 많은 사람들이 이 치료를 쉽게 받을 수 있는 방법을 생각하다가, 최고 상태의 대변을 필요한 곳에 바로 공급하는 체계를 만들면 좋겠다는 생각을 합니다. 그래서 똥 은행을 설립했고, '오픈 바이옴'이라는 이름을 붙였습니다. 오픈 바이옴은 설문조사, 대변 및 혈액 검사를 통해 까다롭게 똥을 선별해서 적절히 가공한 후에 병원에 공급하는 역할을 합니다. 똥을 기증하려면 건강한 식습관을 가져야 하며, 다양한 전염성 병을 갖고 있으면 안 됩니다. 또, 기증자가 되려면, 정기적으로 똥 은행을 방문해서 똥을 기증할 수 있어야 합니다. 오픈 바이옴은 보스턴에 설립되어 있는데 그 인근 지역에 살고 있으면 정기적으로 똥을 기증해볼 수 있어요.

똥의 선별, 가공과 유통, 대변이식 시술은 미국에서만 이루어지고 있는 일이 아니에요. 한국에서도 세브란스병원, 서

1번	딱딱하고 개별로 나오는 똥, 견과류와 같은 느낌 (배변할 때 통증)
2번	울퉁불퉁한 소시지 모양
3번	표면에 약간 갈라짐이 있는 소시지
4번	소시지나 뱀 모양, 부드럽고 매끄러움
5번	똥의 경계선이 선명한 부드러운 덩어리 (배변할 때 통증 없음)
6번	똥의 경계선이 선명하지 않은 부드러운 덩어리
7번	아예 액체 상태

울성모병원, 분당서울대병원 등 많은 종합병원에서 대변이식 시술을 하고 있습니다. 또한, 국내에 2016년에 미생물총 대변 이식이 의료기술로 인증 받아, 2017년에 '골드 바이옴'이라는 대변은행이 아시아 최초로 생겼어요.

'골드 바이옴'은 4가지 절차를 통해 기증에 적합한지 판단합니다. 첫 번째는 간단한 설문조사를 통해, 건강 상태를 확인합니다. 위 그림은 '오픈 바이옴'이 제시한 똥의 차트인데, 여러분의 똥이 3~5번 형태를 띠면, 아래 박스에 있는 골드 바이옴의 기증조건을 한번 확인하고 기증을 생각해볼 수 있어요.

대변이식의 1차 조건

1. 만 19~50세 사이인 경우
2. 서울 역삼역에 직접 내방할 수 있을 경우
3. COVID-19 확진자, 자가격리 대상, 증상 발현자가 된 적이 없을 경우
4. 최근 6개월 내 해외를 방문한 적이 없을 경우
5. 흡연과 마약을 하지 않을 경우
6. 최근 6개월 내 문신과 피어싱을 안 했을 경우
7. 소화기, 대사 질환(과민성대장증후군, 변비, 설사, 종양 등)을 경험하거나

치료한 적이 없을 경우

8. 감염성 질환(에이즈, 간염, 결핵 등)을 경험하거나 치료한 적이 없는 경우
9. 알레르기 외 면역 질환(아토피, 비염, 류마티스 질환 등)을 경험하거나 치료한 적이 없는 경우
10. 그 외 앓고 있는 질환(당뇨, 고지혈증, 빈혈, 정신질환 등)이 없는 경우

위 조건을 모두 충족할 경우, 건강 상태를 직접 확인하기 위해 혈액 검사를 진행합니다. 그 후에는 똥에 18종의 유해균이 없는지 확인해요. 마지막으로 'NGS 데이터 분석'이라는 것을 합니다. NGS 데이터 분석에서도 문제가 발견되지 않으면 기증자에게서 똥을 채취한 후 똥이 변성되지 않게 간단한 화학 처리를 해준 후에 섬유질을 제거합니다. 섬유질을 제거하면, 1g당 1,000여 종이 넘는 미생물 군집이 살고 있는 초코 우유와 비슷한 비주얼의 완성품이 탄생합니다. 변성되지 않게 얼려서 병원으로 보내지면 거기서 대변이식이 이루어져요. 이제 똥으로 돈을 벌 수 있는 시대가 열린 것이죠. 지금까지 변기에 버린 똥이 조금 아까워지지 않나요?

비만과 우울증에 지대한 영향을 미치는 장내 미생물

최근에는 장내 미생물이 설사를 유발할 뿐만 아니라, 비만과 우울증과도 관련이 있다는 연구도 진행되고 있습니다. 제프리 고든 연구팀은 장내 미생물과 비만이 연관 있다는 것을 밝혀낸 연구를 발표하기도 했죠. 고든의 연구팀은 유전자가 똑같지만, 체형이 다른 인간 쌍둥이의 장내 미생물을 똑같은 조건에서 키운 쥐에게 주입해봤습니다. 한 쌍둥이는 비만이었고, 다른 쌍둥이는 정상 체중이었습니다. 비만 쌍둥이의 장내 미생물을 이식 받은 쥐는 점점 살이 쪘고, 정상 체중 쌍둥이의 장내 미생물을 이식 받은 쥐는 비슷한 체중을 유지했습니다. 비만 쌍둥이에게 장내 미생물을 받은 쥐의 장 속을 살펴본 결과, F균이 많고, B균이 비교적 적었습니다. 비만인 사람들이 다이어트를 하기 전의 장내 미생물을 검사해본 결과 F균이 많고, B균이 비교적 적었어요.

그러나 다이어트를 할수록, F균의 비율이 낮아지고, B균의 비율이 높아졌습니다. 장내에 F균이 많으면, 비교적 비만이 될 확률이 높다는 걸 확인한 실험이 되었죠. 장내 미생물을 잘 가꿔주면서 살면, 비만과 우울증이 없는 건강한 삶을 살 수도 있다는 가능성을 열어준 것입니다. 최근에는 장내 미생물과 알츠하이머나 자폐증 등의 병의 연관성을 밝히려는 연구도 활발히 진행되고 있습니다.

장내 미생물이 우리의 일상 생활과도 밀접한 연관성이 있다는 사실도 계속해서 밝혀지고 있습니다. 채소를 많이 먹으면 장에는 채소를 좋아하는 장내 미생물이 많이 자라게 됩니다. 그러면 우리는 채소를 더 원하게 되죠. 반대로 기름진 음식을 자주 먹으면 이를 좋아하는 장내 미생물이 많이 자라면서 기름진 음식을 더 찾게 됩니다.

장내 미생물이 우리의 건강과 행동을 좌지우지하는 만큼, 장내 미생물이 중요해질 것이며, 건강한 똥에 대한 수요가 높아질 것을 예상해볼 수 있습니다. 위의 조건을 모두 충족시킨다면, 대변을 기증하면서 돈도 벌고, 생명도 구해보세요. 장건강을 유지하면 여러분들은 먹고, 자고, 싸기만 하는 황금알을 낳는 거위가 될 수 있습니다.

▸ 손지우

참고자료

· 가브리엘 페를뮈테르, 2021, 왜 아무 이유없이 우울할까? (김도연 역), 동영북스.
· 허준, 2018, Miscellaneous Disorders (김남일, 차웅석 외 공역), Dongui Bogam, 안상우, 권오민 (편), Ministry of Health & Welfare.
· Du, H., Kuang, T. T., Qiu, S., Xu, T., Gang Huan, C. L., Fan, G., & Zhang, Y., 2019, Fecal medicines used in traditional medical system of China: a systematic review of their names, original species, traditional uses, and modern investigations, Chinese Medicine, 14(1), 1-16.
· Finlay, B. B., & Falkow, S., 1997, Common themes in microbial pathogenicity revisited, Microbiology and molecular biology reviews, 61(2), 136-169.
· OpenBiome, (n.d.), About FMT, https://www.openbiome.org/about-fmt
· Talaro, K., & Chess, B., 2009, Foundations in Microbiology (7th ed.), McGraw Hill Education.

세상에서 가장 맛있는 술, 입술

〈너의 이름은〉이라는 일본 애니메이션에서는 여자 주인공이 쌀을 씹다가 나무통에 뱉어서 술을 만듭니다. 영화를 보면서 입으로 술을 만든다는 게 말도 안 된다고 생각한 사람도 있을 겁니다. 그러나 우리 역사에도 입으로 만든 술, 입술이 존재합니다. 고구려에 합병된 '물질국'이라는 곳의 역사서에는 '곡물을 씹어서 술을 빚는데 이것을 마시면 능히 취한다.'라는 기록이 있습니다. 또, 조선 세조 때 사신에 의하면, 미혼 여성이 입을 깨끗이 씻고 쌀을 씹어 만든 술은 기막히게 달다고 한 기록도 있죠. 우리나라뿐만 아니라, 바이킹도 입에 꿀을 머금은 후에 뱉어 발효하여 술을 만들었다고 합니다.

밥에 침이 닿으면, 금방 쉬는 것을 본 적이 있을 겁니다. 침이 조금만 닿아도 쉬는데, 술을 어떻게 씹어서 만들었는지 의아했을 거예요. 실제로 우리 입에는 다양한 균이 살고 있습니다. 아무리 입을 깨끗이 씻는다고 해도, 입에 밥을 쉬게 하는 균이 남아 있을 수 있습니다. 혹은 쓴맛을 내는 균이 입에 남아 있을 수 있죠. 이 균들이 밥에 자리잡으면, 밥은 술이 되지 않고 쉬어버리거나 쓴맛이 날 수 있어요.

이런 상황을 방지하기 위해, 우리 선조들은 씹은 후에 열을 가해 해결했습니다. 그리고 대부분의 세균이 산성 환경에서 잘 자라서 못한다는 점을 이용해 씹기 전에 산성을 처리해주면, 신맛을 내는 세균이 자라는 것을 방지할 수 있었습니다.

그러나 자칫 잘못해서 쌀이 쉴 수도 있는데,
쌀을 씹은 이유는 무엇일까요?

술에 있는 알코올은 효모라는 아주 작은 생물체의 배설물이라고 볼 수 있습니다. 효모는 아주 조그마한 생물체이기 때문에 작은 물질만을 먹을 수가 있습니다. 그러나 우리가 먹는

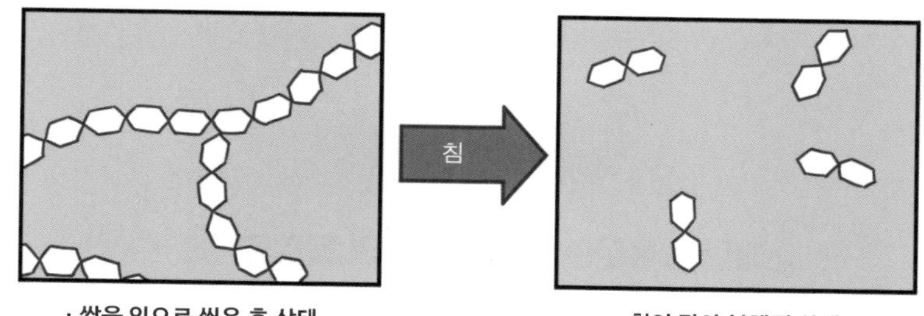

· 쌀을 입으로 씹은 후 상태 ·

· 침이 닿아 분해된 상태 ·

쌀은 효모의 입장에서 좀 큰 편이죠. 그렇기 때문에 쌀을 부숴 주어야 효모가 먹을 수 있게 돼요. 입으로 쌀을 잘 씹어주면 쌀을 어느 정도 작게 부술 수 있습니다. 쌀을 들여다보면 작은 당 분자가 쭉 연결되어 있는 구조를 볼 수 있는데, 곱게 씹는 것만으로 수백 개의 당이 연결된 사슬에서 수십 개의 당이 연결된 사슬로 분해할 수 있습니다.

그러나 알코올을 만들어주는 효모는 당 분자 2개짜리만을 먹을 수 있어요. 그래서 당 사슬을 더 잘게 쪼개는 일에는 침이 활약을 합니다. 침에는 수십 개의 당이 연결된 사슬에서 2개의 당이 연결된 사슬로 쪼갤 수 있는 물질이 들어 있습니다. 이 물질은 '아밀레이스'라고 하는 효소의 일종이에요. 아밀레이스는 수십 개의 당이 연결된 당 사슬을 효모가 먹을 수 있는 정도로 잘게 쪼개줍니다. 요약하자면, 쌀을 효모가 먹을 수 있는 형태로 바꿔주기 위해 쌀을 씹는 것입니다.

그렇다면 효모는 어디서 구하면 될까요?

효모는 공기중에 떠다니거나 나무 표면 등에 존재합니다. 〈너의 이름은〉의 주인공은 씹은 쌀을 나무통에 뱉습니다. 그러면 나무통에 붙어 있는 야생 효모가 잘게 부숴진 쌀을 먹고, 배변 활동을 하면서 술을 만들어요.

하지만 입으로 술을 만드는 일은 실패할 확률이 큽니다. 침에 있는 다른 세균 때문에 원하는 효모가 잘 자라지 못할 수도 있거든요. 술을 만들 때에는 효모가 잘 자랄 수 있는 환경이 중요합니다. 그래서 초기에 술을 만들 때는 효소와 자연 효모가 알아서 붙어 잘 자라기를 기다렸어요. 그러나 공기 중에는 다양한 균이 떠다니고, 대부분의 균은 당을 좋아합니다. 그 중에는 맛있는 술을 만들어주는 효모도 있는 반면, 쌀을 검정색으로 변색시키거나, 고약한 냄새가 나게 하는 균도 있죠. 그렇기 때문에, 술을 만들어주는 효모만이 쌀이나 밀에 붙게 하기 위해서는 특별한 작전이 필요했습니다.

원하는 효모만 좋아하는 환경을 특별히 만들어주면, 나에게 도움이 되는 효모만을 유혹할 수 있습니다. 술을 만드는 효모를 유혹하기 위해서는 곱게 간 곡물에 뭉칠 정도의 물을 붓고 뭉칩니다. 그 후에 따뜻하고 공기가 통하지만, 수분이 잘 빠져나가지 않는 공간에 놔둡니다. 노란 누룩 곰팡이와 흰 곰팡이가 필 때까지 10~15일 동안 습한 곳에 놔둔 후 건조한 곳에서 6~7일 동안 발효합니다. 이 과정에서 쌀을 잘게 부숴주는 효소의 역할을 하는 균과 맛있는 술을 만들 수 있는 효모가 붙게 되죠. 이렇게 얻은 효모는 건조를 시켜 빻아서 보관하다가, 술을 만들고 싶을 때 사용하면 됩니다. 쌀이나 뭉친 밀가루에 효모 가루를 섞으면, 효소와 효모를 유혹할 필요 없이 바로 술을 만들 수 있습니다.

발효와 부패 사이

만약 효모를 유혹하는 과정에서 일주일 전에 먹던 빵에 곰팡이가 피어서 곰팡이 포자가 공기 중에 떠다니고 있었다고 가정해봅시다. 효모를 유혹하려고 했지만, 공기 중의 곰팡이나 다른 유해한 세균이 먼저 앉으면 술에 독성이 생길 수 있어요. 이들은 자라면서 술에 여러 물질을 뿜어냅니다. 운이 좋으면 맛이 좋지 않은 술을 먹는 데에 그치겠지만, 운이 나쁘면 독성으로 인해 생명이 위험할 수도 있죠. 이처럼 음식에 곰팡이나 균과 같은 미생물이 자라나 인간에게 안 좋은 영향을 주면, '부패'했다고 표현합니다. 반대로, 자라난 미생물들이 인간에게 유용한 물질을 내뿜는다면, '발효'라고 부르고요. 즉, 부패와 발효를 나누는 기준은 인간 중심인 것입니다. 때문에 우리가 부패했다고 느끼는 것들이 다른 동물들에겐 발효라고 느껴질 수 있죠. 우리에겐 썩은 내로 느껴지는 부패의 냄새가 그들에게는 먹음직스런 뷔페의 향기인 거예요.

결국 부패와 발효는 상대가 득으로 받아들이는지, 독으로 받아들이는지에 따라 나뉩니다. 어쩌면 우리도 상대의 평가에 따라 득이 되는 사람이 될 수도, 독이 되는 사람이 될 수도 있죠. 그러니까 발효와 부패는 한 끗 차이라는 것을 기억하고 살기로 해요. 어떤 사람에게는 내가 고약한 냄새가 나는 대상일 수 있지만, 어떤 사람에게는 5성급 호텔에서 헤드 셰프가 해준 코스요리만큼 매력적일 수 있습니다.

모든 생물에게 발효로 받아들여지는 것은 없습니다. 반대로 모두에게 부패인 것도 없고요. 우리도 마찬가지입니다. 모두에게 좋은 사람이 될 수는 없어요. 그러니 때로는 좋은 사람이 되는 것에 너무 신경쓰지 말고, 나를 좋은 사람으로 생각해 주는 사람들을 곁에 두는 게 어떨까요?

▶손지우

참고자료

· 이성우, 1984, 한국식품사회사, 교문사.
· 최효원, 임영운, 김명동, 김자영, 김창무, 김창선, ... 홍승범, 2020, 한국의 대표 곰팡이 100종과 한국명, The Korean Journal of Mycology, 48, 355-366.
· Talaro, K., & Chess, B., 2009, Foundations in Microbiology (7th ed.), McGraw Hill Education, pp. 237-249.

벚꽃 축제는 사실 야한 문화였다?!

어느 날 길을 걷다가 벚꽃을 주제로 한 노래를 들으면 우리는 직감적으로 봄이 왔다는 것을 느낍니다. 봄이 왔다는 신호는 노래뿐만이 아니라 길가에 꽃이 피는 모습에서 알 수 있어요. 이때가 되면 일기예보에서는 벚꽃이 개화하는 시기를 알려주고 전국 각지에서는 다양한 꽃 축제가 열립니다. 그럼 우리는 사랑하는 사람이나 친구들과 봄나들이를 가며 추억을 만듭니다. 그런데 어떻게 비슷한 시기에 꽃이 필까요? 왜 사람들은 꽃을 보면서 봄나들이 계획을 세우는 걸까요?

사실 벚꽃을 즐기게 된 시기는 그리 오래되지 않았습니다. 벚꽃 축제는 일본의 하나미(花見, はなみ)에서 유래했어요. 하

나미는 일본 귀족들이 매년 3, 4월에 매화를 보며 즐기는 풍습이었습니다. 이것이 헤이안 시대에 들어와 매화가 아닌 벚꽃을 즐기는 풍습으로 변화했어요. 우리나라에는 일제강점기 때 벚나무가 대량 유입이 되었어요. 이후 일본의 영향을 받아 1945년 독립 이후 벚꽃이 피는 시기에 벚꽃을 즐기는 문화가 형성되었는데 이것이 바로 지금도 즐기고 있는 벚꽃 축제의 시작입니다. 그런데 여러분, 실은 벚꽃 축제가 19금이라는 사실을 알고 있나요?

하마터면 멸종할 뻔했던 바나나

모든 생물은 생식을 합니다. 생식은 생물에게 매우 중요한 일이에요. 그래서 생식만을 전문으로 하는 기관인 '생식기관'을 가지고 있어요. 식물의 생식기관은 바로 '꽃'이죠. 꽃을 자세히 보면 암술과 수술을 볼 수 있을 것입니다. 이때 암술은 꽃의 가장 중앙 안쪽에 자리 잡고 있습니다. 암술 아래에는 밑씨가 있는데, 밑씨는 인간으로 치면 난자와 비슷한 역할을 해요. 수술은 꽃가루를 만드는 장소입니다. 꽃가루는 사람의 정자와 비슷하다고 볼 수 있죠. 인간이 생식을 하기 위해서는 정자와 난자가 서로 만나야 합니다. 식물도 마찬가지로 꽃가루와 밑씨가 만나야 해요. 식물마다 꽃가루와 밑씨가 만나게 하는 방법은 다양합니다. 어떤 식물은 자신의 암술과 수술이 만나 생식하는 자가수분의 방법을 사용하기도 하고, 다른 식물의 꽃가루를 받아서 생식하는 타가수분의 방법을 사용해 생식하기도 합니다!

생식시 자신의 꽃가루를 사용하는 자가수분과 다른 꽃의 꽃가루를 사용하는 타가수분은 각각 장단점이 있어요. 우선 자가수분은 스스로 수분을 하기 때문에 주변에 다른 식물이 없어도 생식이 보장된다는 장점이 있습니다. 하지만 자신의 유전자 외의 다른 유전자를 이용하지 못하기 때문에 타가수분에 비해 유전적으로 다양하지 못해요. 유전적 다양성이 적으면 특정 병충해와 전염병에 취약해지고, 변화한 환경에 쉽게 적응하지 못합니다. 식물은 자라난 자리에서 움직일 수 없기 때문에 유전적 다양성에 의존해 작용하거든요.

대표적으로 바나나는 인간 때문에 유전적 다양성을 잃어 거의 멸종될 뻔했던 식물이에요. 야생 바나나는 씨를 만들어 번식합니다. 하지만 우리가 먹는 바나나는 씨가 없어요. 그래서 바나나를 번식시킬 땐 독특한 방법을 이용합니다.

바나나의 줄기는 마치 감자처럼 땅 속에 묻혀 있는데, 이를 '알줄기'라고 합니다. 바나나가 어느 정도 자라면, 여기에 '흡아'라고 하는 어린 줄기가 자라나요. 이 줄기를 잘라 옮겨 심으면 부모 바나나와 완전히 똑같은 바나나를 얻을 수 있습니다. 이 방법을 이용하면 가장 맛있는 바나나를 복제하듯 키울 수 있다는 장점이 있어요.

하지만 이 방법으로 번식시킨 바나나는 모두 동일한 유전자를 가지고 있기 때문에 질병과 환경 변화에 취약해요. 과거 널리 유통되던 '그로미셸'이라는 바나나가 바로 이 때문에 거의 멸종했죠. 모두가 동일한 유전자를 가지고 있었기 때문에 단 하나의 바나나만 질병에 감염되어도 다른 바나나까지 아주 빠르게 감염될 수 있었던 것입니다. 결국 그로미셸은 1980년에 창궐한 파나마 병으로 시장에서 볼 수 없게 되었어요.

그로미셸은 사라졌지만 다행히도 현재는 파나마 병에 면역이 있는 '캐번디시'라는 바나나가 그 자리를 대신하고 있습니다. 덕분에 우리는 여전히 바나나를 먹을 수 있죠. 비록 캐번디시는 '그로미셸'보다 맛과 상품성 모두 떨어지지만, 파나마병에 대한 면역이 있어 이 병에 걸려도 멸종하지 않는 유일한 바나나종이에요. 하지만 캐번디시 역시 그로미셸처럼 흡아를 옮겨심어 복제하듯 키우고 있기 때문에 언젠간 그로미셸과 같은 결말을 맞이할 수도 있습니다.

이렇듯 유전적 다양성은 식물에게 매우 중요한 역할을 합니다. 그래서 타가수분을 하는 식물들은 암술과 수술의 길이를 다르게 해 자가수분이 되는 것을 방지해요.

식물의 사랑을 도와주는 자연의 오작교들

그렇다면 타가수분을 하는 식물은 어떻게 멀리 떨어져 있는 다른 꽃들과 생식을 하는 것일까요? 식물은 이동을 할 수가 없습니다. 때문에 이동성이 있는 다른 생물보다 생식이 어렵고, 멀리 있는 생물과 직접 상호작용할 수가 없죠.

그래서 식물은 간접적으로 멀리 있는 생물과 상호작용할 방법을 찾는데, 그것은 곤충, 새, 바람, 물의 도움을 받는 것이에요. 이렇게 4가지 오작교의 도움으로 더 멀리 있는 식물과 상호작용을 할 수 있게 됩니다.

먼저 곤충의 도움을 받아 생식을 하는 꽃을 '충매화'라고 합니다. 대부분의 꽃은 충매화입니다. 충매화는 곤충을 유인하여 꽃가루를 옮겨요. 충매화 식물은 곤충을 꽃으로 유인하기 위해 매력 발산을 합니다. 가장 대표적인 매력 발산은 꿀입니다. 꿀은 곤충이 좋아하는 먹이 중 하나예요. 곤충은 꿀의 향과 맛에 이끌려 꽃에 오게 되겠죠. 이것 이외에도 꽃은 향이나 독특한 모양과 색소로 곤충이 꽃에 찾아오고 싶게 만듭니다. 곤충은 꽃의 여러 유혹에 못 이겨 결국 꽃에 앉게 되는데, 이 과정에서 온몸에 꽃가루를 뒤집어 쓰게 돼요. 그리고 다른 꽃으로 옮겨갈 때 곤충은 자기도 모르게 꽃가루를 운반하게 됩니다. 곤충은 이 과정에서도 다시 꽃가루를 자기 몸에 묻히게 되고, 다시 다른 꽃에 가는 과정이 무한히 반복되어 매우 많은 꽃들이 상호작용할 수 있도록 도와요. 충매화 식물은 그 덕분에 생식도 하고, 멀리 떨어져 있는 식물과도 상호작용을 할 수 있게 됩니다.

· 충매화 ·

곤충 말고도 새의 도움을 받는 식물도 있습니다. 새의 도움을 받는 식물은 '조매화'라고 불려요. 조매화도 충매화와 마

· 조매화 ·

찬가지로 꿀샘을 가지고 있어 꿀을 통해 새에게 매력 발산을 합니다. 충매화를 돕는 곤충과 마찬가지로 조매화를 돕는 새들은 꿀을 빨 때 꽃가루가 몸에 붙고, 새가 다른 꽃으로 옮겨가며 꽃가루가 운반됩니다. 조매화의 한 종류인 동백꽃은 주로 동박새가 꽃가루를 옮기며 생식하게 됩니다. 조매화의 가장 큰 특징은 꽃의 모양이 새들이 꿀을 잘 먹을 수 있게 발달한 것입니다. 그래서 동백꽃은 새가 좋아하는 색감인 붉은색 계통의 색을 가지며, 새의 모습과 유사한 형태를 가지죠. 동백꽃 외에도 많은 식물이 새를 이용해요. 열대지방에서는 새는 곤충만큼이나 중요한 매개체입니다. 이렇듯 충매화나 조매화는 매력적인 꽃을 피워 곤충이나 새들이 자신의 생식을 돕기에 더 유리한 환경을 만듭니다.

곤충과 새처럼 이동성이 있는 생물이 오작교가 될 수도 있지만, 생물이 아닌 바람과 물의 도움을 받아 생식하는 경우도 있습니다. 소나무는 꽃가루를 바람에 날리는 방식을 사용하는 '풍매화'를 이용해요. 소나무는 생식을 할 때 바람에 잘 날리는 가벼운 꽃가루를 많이 날립니다. 소나무의 꽃가루에는 공기주머니가 있어 바람에 잘 날리는 구조로 되어 있고, 암술은 바람을 타고 날아온 꽃가루를 잘 받기 위해 튀어나와 있어요. 그리고 많은 양의 꽃가루를 생성해 날려서 생식확률을 높입니다. 이런 엄청난 양의 꽃가루 때문에 알레르기로 고생하는 사람들이 생기죠.

· 풍매화 ·

마지막으로 물을 이용하는 꽃을 '수매화'라고 하는데, 바람이 아니라 강이나 하천의 흐르는 물을 이용할 뿐, 풍매화와 매우 비슷합니다. 수매화는 흐르는 물에 꽃가루를 뿜어대어 물살을 따라 움직이다 다른 식물의 암술에 닿기를 기다려요. 풍매화와 수매화는 생물을 유혹할 필요가 없기에 꿀이나 향기도 없고 화려한 모습이나 독특한 색을 가지고 있지 않아요. 그래서 충매화나 조매화만큼 화려

· 수매화 ·

한 꽃을 피우지 않는 경우가 대부분입니다.

그렇다면 벚꽃은 네 가지의 오작교 중에서 어떤 오작교의 도움으로 생식을 할까요? 꿀샘을 가지고 있고, 예쁜 색과 향을 가지며 꽃을 피우는 것으로 보아 이동성이 있는 생물의 도움을 받는다고 추측할 수 있겠죠. 벚꽃은 바로 곤충의 도움을 통해 생식하는 충매화입니다.

하지만 타가수분이 다양한 오작교를 사용한다고 해서 항상 생식에 성공하는 것은 아닙니다. 이른 봄에 생식 활동하는 식물의 경우 곤충이나 새의 수가 적어 어쩔 수 없이 스스로 생식하는 자가수분만이 유일한 선택지가 됩니다. 또, 꽃들이 피는 시기가 서로 다르면 자신이 생식해야 할 시기에 상호작용을 할 수 있는 꽃이 없어 타가수분이 어려워집니다. 그래서 타가수분을 하는 꽃들은 동시에 꽃을 피워 오작교를 통한 수분이 이뤄질 확률을 높입니다. 이것이 모든 벚나무가 비슷한 시기에 개화하는 이유입니다. 그래서 우리가 벚꽃 축제를 즐길 수 있는 거예요!

이처럼 벚꽃 축제를 즐기는 것은 사실 벚나무의 생식활동을 즐기는 풍습이라 할 수 있습니다. 식물은 다양한 오작교에 의해 사랑이 이루어집니다. 식물의 꽃은 사랑하는 가족이나

· 식물의 생식을 도와주는 오작교 ·

연인을 이어주는 오작교의 역할을 하지요. 식물이 여러 오작교의 도움으로 가능했던 생식활동을 기억하며, 다양한 인연을 이어주는 오작교 역할을 하는 것이 아닐까요? 그렇다면 여러분도 사랑하는 사람에게 마음을 직접 전하는 것이 어렵다면 꽃이라는 오작교를 통해 전달해보는 것은 어떤가요?

▸ 김민경

참고자료

· Andow, D. A., 1991, Vegetational diversity and arthropod population response, Annual Review of Entomology, 36, 561-586.
· Cronk, Q., & Ojeda, I., 2008, Bird-pollinated flowers in an evolutionary and molecular context, Journal of experimental botany, 59(4), 715-727.
· Du, Z. Y., & Wang, Q. F., 2014, Correlations of life form, pollination mode and sexual system in aquatic angiosperms, PLoS One, 9(12), e115653.
· Fenster, C. B., & Marten-Rodriguez, S., 2007, Reproductive assurance and the evolution of pollination specialization, International Journal of Plant Sciences, 168(2), 215-228.
· Matson, P. A., Parton, W. J., Power, A. G., & Swift, M. J., 1997, Agricultural intensification and ecosystem properties, Science, 277(5325), 504-509.
· Meeuse, A. D. J., De Meijer, A. H., Mohr, O. W. P., & Wellinga, S. M., 1990, Entomophily in the dioecious gymnosperm Ephedra aphylla Forsk,(= E. alte CA Mey.), with some notes on Ephedra campylopoda CA Mey, III, Further anthecological studies and relative importance of entomophily, Israel Journal of Botany, 39(1-2), 113-123.

'큐 돌린다'는 말은 무슨 뜻일까?

"야, 나 무대 떴으니까 바론 한타 준비하게 모여!"

무슨 말인지 하나도 모르겠다고요? 처음 본 사람들에게는 외계어처럼 느껴지기도 합니다. 왜냐하면 이 문장은 〈리그 오브 레전드〉라는 게임을 즐기는 사람들끼리 만들어낸 게임 용어로 가득 차 있거든요.

〈리그 오브 레전드〉는 5명이 팀을 이루어 상대팀과 전투를 벌이는 팀 게임입니다. '무대'는 〈무한의 대검〉의 줄임말로 상대에게 큰 피해를 주는 아이템입니다. '바론'은 게임 안의 몬스터 '내셔 남작'의 줄임말인데, 이 몬스터를 처치하면 팀에게 큰 이득을 주기 때문에 종종 먼저 처치하기 위한 쟁탈전(바론 한타)을 진행하기도 하죠. 정리하자면, 이 문장은 '내가 상대 팀에게 큰 피해를 줄 수 있는 아이템을 구매했으니 싸움을 준비해서 몬스터를 쟁탈하자'라는 의미죠. 어때요, 게임을 제대로 즐기려면 게임 용어를 아는 편이 훨씬 편리하겠죠?

'큐 돌린다'는 말은 무슨 뜻일까?

비슷하게, '큐 돌린다'는 용어는 게임을 시작하기 위해 대기열에 머무르는 과정을 의미합니다. 〈리그 오브 레전드〉에서는 총 10명의 플레이어가 모여야 게임을 시작할 수 있는데, 이 게임에서 '큐 돌린다'는 말은 10명의 플레이어가 모이는 과정을 의미하죠. 그런데, '큐'는 무엇을 의미하길래 게임을 찾는다는 뜻으로 쓰일까요? 혹시, 알파벳 '큐'를 돌린다는 뜻은 아닐까요?

놀이공원에서는 놀이기구에 입장하기 위해 줄을 섭니다. 먼저 놀이기구에 도착한 사람이 앞줄에 서게 되죠. 이처럼 처음 입력된 자료가 먼저 출력되는 구조를 '큐'라고 합니다. 이런 구조 덕분에 큐는 영어로 FIFO(First In First Out)라고 부르기도 합니다.

컴퓨터에서 큐는 프린트의 출력, 게임 매칭 대기열 등에서 많이 사용하는 기본적인 구조입니다. 컴퓨터로 프린트를 할 때, 가장 먼저 명령을 내린 문서를 인쇄합니다. 여러 게임에서도, '큐를 돌릴 때'에는 서버에 있는 여러 플레이어 중 먼저 대기열에 참가한 플레이어부터 게임 매칭을 시작합니다.

일상생활에서는 마트나 슈퍼의 재고 정리, 줄 서기 등에서 많이 사용하고 있죠. 새치기를 하지 않는다면, 먼저 줄 서기를 시작한 사람이 줄의 앞부분에 있습니다. 마트나 슈퍼, 편의점에서는 동일한 여러 제품이 있을 경우, 먼저 들어온 제품을 먼저 판매하죠. 큐는 이렇게 컴퓨터뿐만 아니라, 일상생활에서도 뗄 수 없는 가장 기본적인 자료를 다루는 방법입니다. 큐는 눈에 보이지는 않지만, 시각적으로 표현하면 앞뒤가 모두 뚫려 있는 통으로 비유할 수 있습니다. 이 통에 자료를 여러 개 집어넣으면, 통의 반대쪽에서는 집어넣은 순서대로 자료가 나오겠네요.

그럼 이제 큐를 이용해 게임을 할 플레이어를 대기열에 모아봅시다. 여기 '선형 큐'라는 큐의 기본적인 형태가 있습니다. 제가 먼저, 플레이어 '자연의친구'님을 게임 대기열(큐)에 진입시켜보겠습니다. 그런데, 어떻게 넣죠? 제가 컴퓨터에 대고 '자연의친구'를 게임 대기열에 집어넣으라고 여러 번 이야기했는데, 제 생각에는 컴퓨터가 알아듣지를 못하는 것 같습니다. 아쉽게도, 컴퓨터는 아직 인간의 언어로 소통할 수 없습니다. 컴퓨터는 0과 1로 이루어진 자기만의 언어를 사용하죠. 그래서 전문가들이 컴퓨터가 쓰는 언어와 인간이 쓰는 언어를 통역해주는 제3의 언어를 만들어냈습니다. 이것을 '프로그래밍 언어'라고 합니다. 지금처럼 플레이어를 게임 대기열 큐에 집어넣어야 하는 상황에서는, 컴퓨터에 프로그래밍 언어로 'Enqueue'라고 명령해주면 됩니다.

자연의친구					

또 다른 플레이어가 게임을 찾기 시작했군요! 이제, 'Enqueue' 명령어를 한 번 더 사용해서, '흠딩'이라는 플레이어를 넣어볼까요? 이미 큐의 맨 앞칸이 차 있으니, 그 뒷자리에 넣으면 되겠네요.

자연의친구	흄딩				

이번엔 한꺼번에 3명의 플레이어를 넣어볼게요.

자연의친구	흄딩	왕초보32	은갈치1호	player123	

그런데 이때, 2명이 게임을 시작할 수 있게 되었다고 해봅시다. 큐에서는 입력된 순서대로 자료가 나오므로, 가장 먼저 입력된 플레이어인 '자연의친구'님과 '흄딩'님이 먼저 대기열에서 나와 게임 서버로 이동하게 됩니다. 'Enqueue' 명령으로 자료를 넣었듯이, 이때는 'Dequeue' 명령으로 자료를 뺄 수 있습니다.

		왕초보32	은갈치1호	player123	

그리고 방금 다른 플레이어 2명이 게임을 찾기 시작했는데… 이런! 자료가 들어갈 수 있는 빈칸은 3개나 남았지만, 우리가 쓸 수 있는 뒷공간은 하나뿐이네요. 맨 앞의 두 칸을 의미 없이 날려버렸습니다. 이것이 바로 선형 큐의 단점입니다.

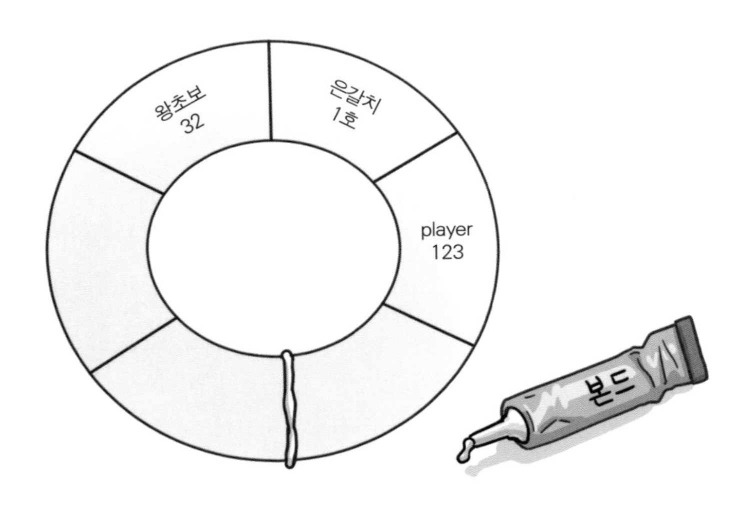

실제로는 공간이 세 칸이나 남아 있음에도 우리는 한 칸밖에 사용할 수가 없죠. 이를 보완한 것이 바로 환형 큐입니다. 환형 큐는 말 그대로 고리 모양의 큐입니다. 방금 우리가 가지고 있었던 큐의 맨 앞과 맨 끝을 쭈욱 구부려서 고리가 되도록 이어버리면, 앞부분이 꽉 차더라도 뒷부분의 빈칸을 이용할 수 있게 되죠.

이렇게 하면 큐의 공간을 남김없이 사용할 수 있겠네요. 하지만 환형 큐가 완벽한 큐인 것은 아닙니다. 만약 7명 이상의 플레이어가 게임을 찾기 시작한다면, 우리는 1명 이상을 다룰 수 없게 됩니다. 게임 대기열 큐의 칸이 총 6개뿐이니까요. 이처럼 자료의 개수가 큐의 메모리보다 많을 경우에는 큐가 꽉 차버리는 바람에 다른 자료를 넣을 수가 없게 되죠.

하지만 놀랍게도, 이마저도 보완한 큐가 또 있습니다! '링크드 큐'는 큐의 메모리를 자유자재로 늘릴 수 있어 꽉 차버리는 문제가 발생하지 않습니다. 선형 큐가 앞뒤가 뚫려 있는 원통처럼 생겼다면, 링크드 큐는 탈부착이 가능한 작은 원통 여러 개와 같습니다. 마치 레고 블록을 조립하듯 자료의 수에 따라 자유롭게 큐의 길이를 조절할 수 있죠. 이렇게 하면 아무리 많은 플레이어가 게임을 찾는다고 해도 게임 서버에 오류가 나는 일은 없겠군요.

그럼 링크드 큐는 흠없는 완벽한 큐일까요? 아쉽지만, 아닙니다. 프로그래밍 언어로 컴퓨터에게 명령을 내릴 때, 명령이 간단할수록 효율적입니다. 환형 큐는 자료를 넣고 빼는 정

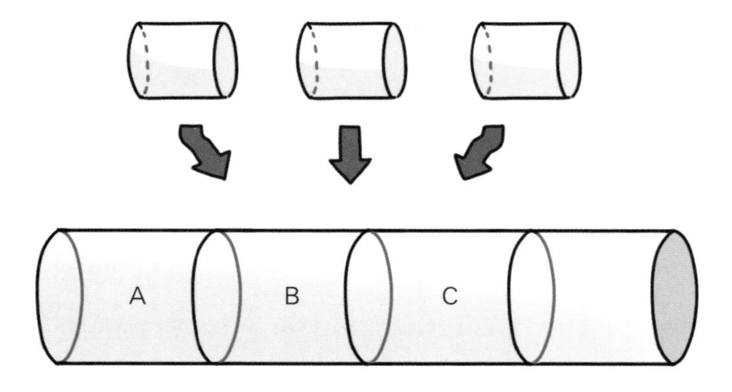

도의 간단한 명령만으로 작동합니다. 하지만 링크드 큐는 이 명령어 외에 또 다른 명령을 추가해야 하죠. 링크드 큐 안에서 자료를 다루려면, '자료가 들어갈 작은 원통을 추가하라'는 명령어, '자료가 들어가는 원통을 삭제하라'는 명령어를 계속 덧붙여야 합니다. 여러 번 명령을 내려야 하니, 연산 속도가 조금 느려지고 비효율적일 수 있어요. 어떤 상황에 어떻게 여러 가지 큐를 작동시킬지는 게임 개발자의 몫이겠지만, 큐는 게임 플레이어인 우리에게도 하나의 교훈을 줍니다.

친구들과 게임을 하다 보면, 가끔은 아주 오랫동안 게임을 찾아야 할 때가 있습니다. 그런 일이 있으면 저는 게임 대기열을 벗어났다가, 다시 진입하기도 하죠. 하지만, 이젠 이해하시겠죠? First In First Out. 제가 정말 멍청한 짓을 했다는 것을요. 그러니 여러분은 게임을 찾을 때 시간이 많이 걸리더라도, 조금만 더 기다려보세요. 바로 다음 차례가 여러분일 수도 있잖아요!

▸ 양현식

참고자료

· 박상길, 2020, 파이썬 알고리즘 인터뷰, 책만.
· Alexander A. S. & Daniel E. R., 2018, 알고리즘 산책 (서환수 역), 길벗.
· Cohen. J. W., 2012, The Single server queue (2nd ed.), Elsevier.
· Robert, S. & Kevin, W., 2018, Algorithms (4th ed), Addison-Wesley Professional.

이 그림은 코끼리를 삼킨 보아뱀이 아니었다고?

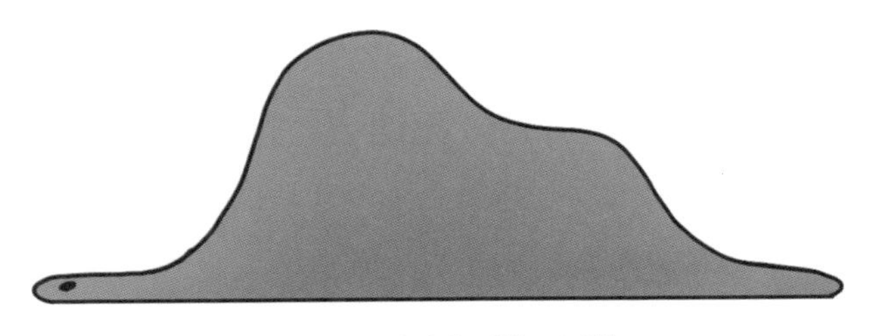

· 코끼리를 소화시키고 있는 보아뱀 ·

혹시 이 그림을 보고 무엇이 떠오르시나요? 아주 유명한 그림이죠. 순수한 영혼의 어린 왕자는 이렇게 말합니다.

"내 그림은 모자를 그린 것이 아니었다. 내 그림은 코끼리를 삼켜 소화하고 있는 보아뱀을 그린 것이었다. 어른들을 이해시키기 위해 나는 할 수 없이 뱀의 속이 보이도록 다시 그림을 그렸다. 어른들에게는 언제나 설명이 필요하다. — 앙투안 드 생텍쥐페리, 『어린 왕자』 중"

틀에 갇히지 않는 동심의 상징인 어린 왕자는 그림을 보고 코끼리를 삼킨 보아뱀을 떠올렸지만, 수학을 좋아하는 어린 왕자의 여우 친구는 생각이 좀 다른 것 같습니다. 함께 그의 이야기를 들어볼까요?

"이 그림은 모자도, 보아뱀도 아니었다. 이것은 정규분포 곡선을 그린 것이었다!"

분포를 해석하는 중요한 열쇠, 정규분포 곡선

정규분포 곡선은 '퍼져 있는 상태'를 말하는 '분포'를 나타내는 그림입니다. 분포는 우리 일상에서도 쉽게 만나볼 수 있는데, 사람마다 키와 몸무게는 조금씩 달라 퍼져 있죠. 우리 반 학생들의 과학 성적도 퍼져 있습니다. 그렇다면 내 키는 우

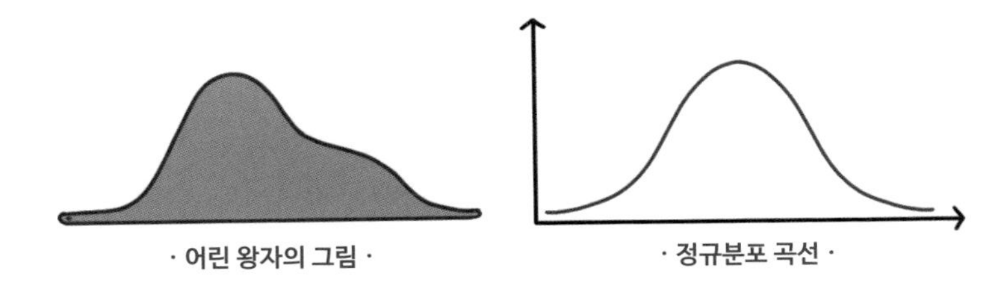

· 어린 왕자의 그림 ·

· 정규분포 곡선 ·

리나라 사람 중에서 몇 등 정도 할까요? 내 과학 성적은 우리 반 몇 등일까요? 정규분포 곡선을 이용한다면, 우리 일상 속의 이런 '분포'를 쉽고 빠르게 해석할 수 있습니다. 어린 왕자의 그림과 이런 분포를 나타내는 정규분포 곡선이 비슷하게 생기지 않았나요?

한눈에 봐도 정말 간단해 보이는 이 그림은 거의 모든 분포 해석에 사용되는 경이로운 발견이자 분포 해석을 위한 강력한 도구입니다. 그런데 고작 곡선 하나가 뭐길래 분포를 해석하는 열쇠가 될 수 있었을까요? 그것은 정규분포가 분포를 해석할 때 꼭 필요한 두 가지 지표를 모두 가지고 있기 때문입니다.

직접 분포를 해석해보면 두 가지 지표를 쉽게 찾아낼 수 있습니다. 다음 표를 보고, 친구나 가족에게 표를 최대한 간결하고 정확하게 설명해보세요. 단, 표를 직접 보여줄 수는 없습니다.

키(단위: cm)							
소영	하은	혜영	예은	종민	동혁	태호	민재
164	157	156	160	166	183	176	174
여자	여자	여자	여자	남자	남자	남자	남자

조금 불편하더라도 길게, 모든 학생의 이름과 성별과 키를 설명한 사람이 있는 반면, 자세함을 포기하더라도 편리함을 위해 "남자가 여자보다 키가 커."라며 간결하게 설명하는 사람도 있습니다. 자세함을 위해서는 간결함을 포기해야 하고, 간결함을 위해서는 자세함을 포기해야겠죠. 하지만 단 하나의 수로 간결하게 표를 설명하면서도, 믿을 만한 정보를 확보할 수 있는 방법이 있습니다.

분포를 나타내는 첫 번째 지표, 바로 '평균'입니다. 평균은 자료의 값을 모두 더한 후, 총 자료의 수로 나눈 것을 의미합니다. 위 표에 8명의 사람과 그 키가 적혀 있으니, 평균은 8명의 키를 모두 더한 후 자료의 수인 8로 나누면 구할 수 있습니다. 평균은 집단이나 표본의 특징을 나타내기에 굉장히 유용하고 간편합니다. 여자와 남자 중 어느 쪽이 키가 더 클까요?

한 명 한 명 비교하는 것도 좋지만, 평균을 이용해 더욱 쉽게 판단할 수 있습니다. 위 표에서, 여자의 평균 키는 159.25cm이고 남자의 평균 키는 174.75cm이므로, 남자가 대체로 여자보다 키가 크다고 판단할 수 있죠. 이렇게 평균은 여러 분포를 해석하는 데 큰 도움을 주고, 이를 대표할 수 있는 '대표값' 중 하나입니다.

하지만 평균이 언제나 최선의 지표는 아닙니다. 예를 들어, 한 대학교에서 학과별 졸업생의 평균 연봉을 조사했다고 합시다. 여러분은 어느 학과로 진학하고 싶나요?

A학과	B학과
10만 달러	7만 8,000달러

돈을 더 많이 벌기 위해 평균 연봉이 높은 A학과를 선택했다면, 평균이 모든 것을 알려주지는 못한다는 점을 생각해야 합니다. 이상하게도 A학과가 '평균 연봉'이 더 높지만, A학과 졸업생의 연봉이 꼭 B학과 졸업생보다 높다고 할 수는 없습니다. 만약 A학과에 평균에 비해 압도적으로 높은 연봉을 가진 졸업생이 있다면 B학과 졸업생의 연봉이 대체적으로 더 높을

수도 있죠. 실제로 노스캐롤라이나 대학교에서 비슷한 일이 있었습니다. 한 조사에서 이 학교 졸업생의 평균 연봉이 가장 높은 학과는 지리학과였습니다. 이 학교의 지리학과 출신이자 전설적인 농구 선수 마이클 조던의 비정상적으로 높은 연봉 때문에 지리학과 졸업생의 평균 연봉이 올라간 것입니다. 이것이 바로 평균의 함정입니다.

정규분포로 이루어진 세상을 살아가다

이처럼 평균으로 항상 올바른 해석을 할 수는 없기 때문에, 우리는 새로운 지표가 필요합니다. 그것은 바로 분포를 해석하는 두 번째 지표인 '표준편차'입니다. 표준편차는 평균을 기준으로 여러 자료가 얼마나 퍼져 있는지를 나타내는 지표입니다. 예컨대, 세 개의 자료 99, 100, 101과, 또 다른 자료 0, 100, 200를 해석해봅시다. 자료의 평균은 100으로 같지만, 99, 100, 101은 평균 주위에 모여 있으므로 표준편차가 작다고 할 수 있고, 반대로 0, 100, 200은 평균으로부터 멀리 떨어져 있으므로 표준편차가 크다고 할 수 있습니다. 위 표에 표준편차까지 쓴다면, A학과 졸업생 연봉의 표준편차가 B학과 졸업생 연봉의 표준편차보다 훨씬 클 것입니다. A학과는 B학과에 비해 평균보다 훨씬 높은, 혹은 낮은 연봉을 받는 사람이 많다는 것도 예상할 수 있겠네요.

정규분포 곡선은 앞서 보았던 평균과 표준편차, 두 지표를 모두 품고 있는 곡선입니다. 이제 다시 보니 정규분포 곡선은 단순히 어린 왕자의 그림과 비슷하기만 한 곡선이 아니라, 평균을 축으로 멀리 퍼져나가는 모양이네요. 정규분포 곡선의 모양은 하나가 아닙니다. 표준편차가 크면 평균으로부터 멀리 퍼져 있다는 뜻이니, 옆으로 넓은 모양의 정규분포 곡선이 그려집니다. 반대로 표준편차가 작으면 평균에 모여 있다는 뜻이므로, 길쭉하고 뾰족한 모양의 곡선이 그려지죠. 이렇게

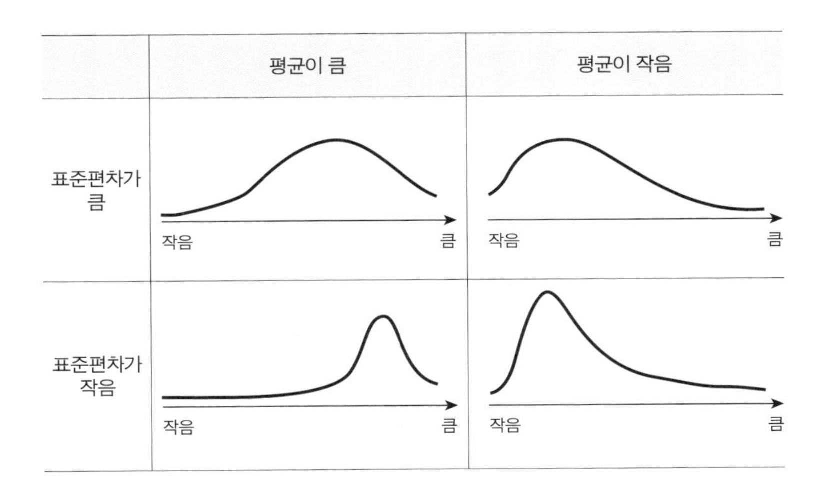

정규분포 곡선은 평균과 표준편차, 두 지표에 따라 여러 가지 모양을 할 수 있습니다.

정규분포 곡선은 이 세상의 거의 모든 분포를 설명할 수 있습니다. 우리가 키나 몸무게를 재어보든, 성적을 비교해보든 어떤 자료의 수가 충분하기만 하다면 그 자료가 분포하는 모습은 정규분포와 아주 비슷해지기 때문이에요. 즉, 모든 사람의 키를 재거나, 몸무게를 재거나, 성적을 물어보지 않더라도 그 분포를 정규분포 곡선으로 대신해서 판단을 내릴 수 있다는 것이죠.

정규분포 곡선은 점심으로 짜장면을 먹을지, 햄버거를 먹을지 고민하고 있을 때에도 도움이 됩니다. 고객이 남긴 가게의 평점도 마찬가지로 자료의 수가 충분하기만 하다면 정규분포 곡선과 비슷하기 때문이죠.

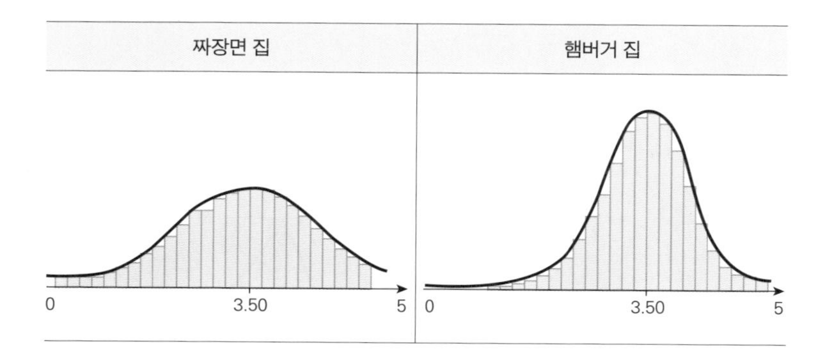

만약 별점을 아주 작은 소수점 단위까지 매길 수 있다고 생각하고, 사람들의 별점을 정규분포로 나타내보았습니다. 두 가게의 평균 별점은 3.50점으로 똑같지만, 짜장면 집 별점의 표준편차가 높은 것을 생각한다면 취향이 확실히 갈리는 음식이 나옴을 알 수 있습니다. 짜장면 집에 갔는데 음식이 아주 맛있다면, 우리는 정규분포의 오른쪽 끝자락에, 음식이 아주 맛없다면 왼쪽 끝자락에 있겠네요. 반대로 햄버거 집에 간다면 표준편차가 작으니 취향이나 유행을 타지 않는 음식을 먹게 될 것을 예상할 수 있죠. 저는 혹시라도 맛없는 점심을 먹지 않기 위해 햄버거 집으로 가겠습니다.

정규분포 곡선 덕에 우리는 점심 메뉴를 정할 수 있었습니다. 만약 정규분포가 없었다면, 우리는 점심시간이 지나 밤이 새도록 고객이 남긴 리뷰를 하나하나 읽어봐야만 하겠죠. 정규분포 곡선은 정말 단순하게 생겼지만, 우리가 통계자료를 살펴볼 때 절대 빼놓을 수 없는 도구입니다. 별점, 키, 몸무게, 성적, 우리가 조사할 수 있는 모든 것이 정규분포와 맞닿아 있습니다. 이렇게 놓고 보니, 우리는 정규분포로 이루어진 세상에 살고 있는 게 아닐까요?

▸ 양현식

참고자료

- 김석우, 2007, 기초통계학, 학지사.
- 유진은, 2022, 양적연구방법과 통계분석, 학지사.
- Patel, J. K., & Read, C. B., 1982, Handbook of the normal distribution, Dekker.

신호위반을 한 천문학자 이야기

한 천문학자가 운전을 하며 어딘가를 가는 중이었어요. 그런데 갑자기 경찰차가 천문학자에게 차를 멈추라고 하는 거예요! 천문학자는 당황해하며 경찰과 이야기를 나누었어요. 경찰은 그가 신호위반을 했다고 말했습니다. 천문학자는 청색편이로 인해 신호가 빨간불이 아닌 파란불로 보였다고 침착하게 주장했습니다. 경찰은 천문학자의 설명을 듣고 지나가도 좋다고 했습니다. 경찰은 왜 '청색편이'라는 말을 듣고 신호위반을 용서해준 것일까요?

사실 이 천문학자의 사례는 사이먼 싱의 책인 『빅뱅』에 실린 이야기입니다. 진짜 있었던 일이 아닌 허구의 이야기죠. 그렇다면 이 천문학자의 이야기처럼 실제로 신호위반을 했을 때, 그와 같은 대답을 하면 될까요? 그의 대답이 신호위반을 했을 때, 넘어갈 수 있는 하나의 대처방법이 될 수 있을지 함께 생각해봅시다.

빨간색 신호는 건널 수 없다는 정보를, 파란색 신호는 건널 수 있다는 정보를 담고 있어요. '건너세요' 혹은 '건너지 마세요'라는 말 대신 색으로 표현함으로써 우리는 더 빠르게 정보를 전달받을 수 있죠. 도로 위에서는 한순간의 머뭇거림이 큰 사고로 이어질 수 있기에 빠르고 확실한 정보를 전달할 수

· 경찰과 논쟁중인 철학자 ·

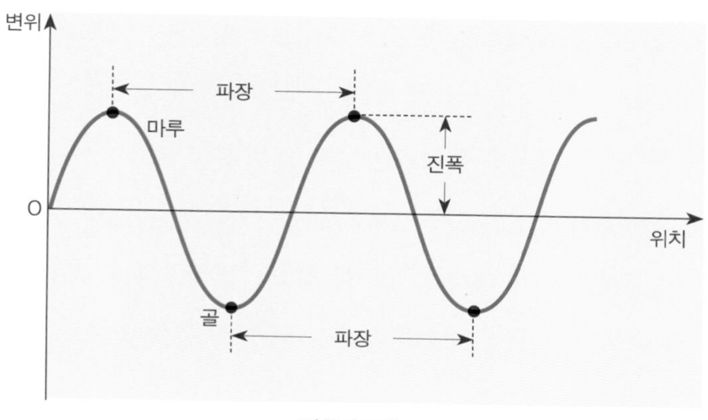

· 파동의 모양 ·

있는 색을 이용하는 것입니다. 그렇다면 빨간색과 파란색의 차이는 무엇일까요? 무엇이 다르기에 우리는 두 색을 다르다고 판단할까요?

빨간색과 파란색의 가장 큰 차이점은 바로 파장입니다. 그럼 파장은 무엇일까요? 위 그림은 파동의 모양을 나타낸 것이에요. 골에서 골, 혹은 마루에서 마루까지의 길이를 '파장'이라고 해요. 그러니까 파장은 처음 모양이 반복될 때까지의 거리를 말합니다.

파장에 따라 여러 색으로 분리되는 빛

비가 오고 난 후 무지개를 보면 아래 그림과 같이 여러 색이 연속적으로 있는 것을 볼 수 있어요. 무지개는 햇빛이 공기 중의 물방울을 통과하면서 나타나는 기상현상인데, 이때 보이는 빨주노초파남보의 띠가 바로 햇빛의 스펙트럼입니다. 햇빛은 여러 색의 빛이 모여 우리 눈에는 하얀색으로 보여요. 하지만 물방울을 통과하면 섞여 있던 빛들이 각자 다른 속도로 느려지면서 여러 색으로 분리되죠. 마치 차를 타고 아스팔트 도로를 달리다가 갑자기 늪을 만나면 차의 속도가 느려지는 것처럼, 빛도 공기중에서는 빠르게 달리지만 물에서는 속도가 느려집니다.

그리고 달리는 속도가 갑자기 변하면서 진행방향이 꺾여요. 햇빛에 섞여 있는 다양한 색의 빛들은 모두 다른 파장을 가지고 있는데, 파장이 달라서 물방울 속에서 느려지는 속도가 각각 달라지고, 때문에 꺾이는 각도도 모두 달라지면서 우

긺 ← 파장 → 짧음

· 햇빛의 스펙트럼 ·

리 눈에는 빨주노초파남보로 분리되어 보이는 것이죠. 햇빛의 분리는 물방울뿐만이 아니라 유리나 프리즘 같은 물질들에서도 일어날 수 있어요. 그리고 이렇게 분리된 스펙트럼은 파장의 길이 순서대로 나타나게 됩니다. 빨간색에 가까운 색일수록 긴 파장을 가진 색이고, 파란색에 가까울수록 짧은 파장을 가진 색이에요. 이렇게 여러 파장을 가진 빛들이 분리되어 분포된 것을 '스펙트럼'이라고 합니다.

길을 걷다가 경찰차의 사이렌 소리를 들어본 적 있나요? 기억을 더듬어 보면 경찰차가 다가올 때와 나를 지나서 멀어질 때 소리가 달라지는 것을 알 수 있습니다. 이것은 파장이 관측자에게 다가오거나 멀어지는 운동을 할 때, 움직임에 따라 변화하기 때문입니다. 다음 그림을 보면 물체가 이동할 때 파장이 변화하는 것을 볼 수 있어요. 파동을 방출하는 물체가 관측자에게 다가오면 파동의 파장은 짧아지고, 관측자에게서 멀어지면 파동의 파장은 길어지는 것을 볼 수 있어요. 소리도 빛처럼 파동으로 되어 있는데, 파장이 짧을수록 높은 음이 들리고, 파장이 길수록 낮은 음이 들립니다.

그러므로 경찰차가 나를 향해 다가오면, 파장이 짧아지기 때문에 사이렌 소리는 높은 음을 들을 수 있어요. 반대로 경찰

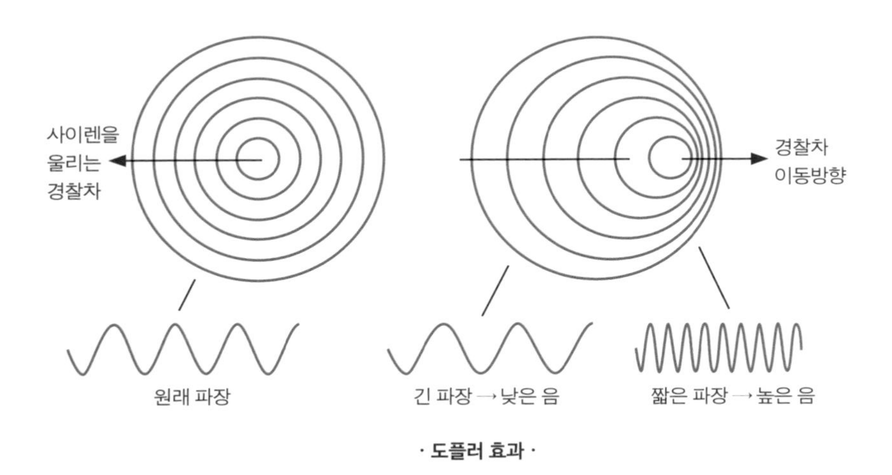

· 도플러 효과 ·

차가 나를 지나가면, 파장은 길어지기 때문에 사이렌 소리는 다시 낮은 음으로 들려요. 이것이 경찰차가 지나갈 때와 다가올 때 소리가 다른 이유입니다. 이런 현상은 오스트리아의 물리학자 크리스티안 도플러가 발견했다고 해서 '도플러 효과'라고 해요.

도플러 효과로 천문학자의 주장을 알아보다

이러한 도플러 효과는 다양한 곳에서 활용하고 있어요. 대표적으로 박쥐는 이러한 도플러 효과를 이용하는 아주 똑똑한 생명체입니다. 박쥐는 초음파를 내보내며 반사되어 돌아오는 것을 감지해 자신 주변의 상황을 살핍니다. 야구장 투수가 던진 공의 구속을 측정하거나 레이싱 경기장에서 스피드건으로 자동차의 속력을 측정하는 모습을 본 적 있나요? 야구공과 자동차의 속력을 측정할 때, 사용하는 스피드건이 도플러 효과를 활용한 예시입니다. 스피드건은 전파를 내보내어 물체에 반사되어 다시 돌아올 때, 전파의 진동수를 계산하여 속도를 알아냅니다. 이와 같은 원리를 이용한 의료기기도 있는데 바로 도플러 초음파 검사기입니다. 이것도 전파를 이용해 인체 내부에 흐르는 피의 속도를 계산하기도 하고 인체에 무언가가 있는지 확인할 때 사용해요.

천문학자가 주장한 청색편이는 도플러 효과로 인해 나타나는 현상이에요. 이 효과로 빨간색이 파란색으로 보인 거죠. 도플러 효과에 의해 물체가 관찰자에게 다가오면 정지한 물체의 파장보다 짧게 측정됩니다. 이때 파장이 짧아지기 때문에 물체가 방출하는 빛은 스펙트럼의 파란 쪽으로 치우쳐요. 이것을 청색편이라고 합니다. 반면 물체가 관찰자에게서 멀어지면 물체의 파장은 길게 측정되죠. 파장이 길어지기 때문에 물체가 방출하는 빛은 스펙트럼의 붉은 쪽에 치우쳐집니다. 이것을 적색편이라고 해요. 운전을 하고 있는 천문학자의 입장에서 신호등은 천문학자에게 다가오는 중입니다. 따라서 도플러 효과에 의해 파장이 짧아지고, 스펙트럼의 파란 쪽으로 치우쳐져 빨간 신호등이 아닌 파란 신호등으로 보일 수 있었던 것이죠.

이러한 적색편이와 청색편이를 이용해 별이 이동하는 방향을 찾을 수 있습니다. 별을 관측할 때, 청색편이를 보인다면 관측하는 천체는 지구 쪽으로 다가오는 것이고 적색편이를 보인다면 지구로부터 멀어진다는 것을 알 수 있습니다. 실제로 대부분의 은하는 우리 은하와 멀어지고 있어서 적색편이가 관측되지만, 안드로메다 은하에서는 청색편이가 관측돼요. 이를 통해 다른 은하들과 달리 안드로메다 은하가 우리 은하로 접근한다는 것을 알 수 있죠. 실제로 안드로메다 은하가 우리 은하에게 다가오는 속도를 계산한 결과, 안드로메다 은하는 초속 120km의 속도로 우리 은하에게 다가오고 있습니다. 여기서 안드로메다 은하와 우리 은하가 충돌할까봐 걱정하는 분이 있다면 안심하셔도 됩니다. 왜냐하면 우리 은하와 안드로메다 은하는 약 24억 년 후 충돌할 예정이거든요. 즉 우리가 살아 있는 동안에는 두 은하의 충돌이 일어나지 않는답니다.

이렇게 보니 천문학자의 주장이 과학적으로 타당한 주장이었네요. 하지만 이 천문학자의 일화에는 뒷이야기가 아직 남아 있습니다. 경찰들은 천문학자의 설명을 받아들여 그를 신호위반이 아닌 속도위반으로 벌금을 물게 했어요. 왜냐하면, 청색편이가 나타나기 위해서는 신호등이 약 시속 2억km로 다가와야 하기 때문입니다. 신호위반을 했을 때, 2022년 승용차를 기준으로 과태료는 7만 원이 부과됩니다. 천문학자의 이야기처럼 청색편이를 주장했을 때, 우리는 속도위반으로 과태료를 부과하게 돼요. 속도위반의 과태료는 시속 60km 초과 시 13만 원을 부과하게 됩니다. 따라서 천문학자는 핑계를 대어 회피하다가 속도위반으로 과태료를 내기보다, 그냥 신호위반으로 과태료를 지불하는 것이 나은 상황인 거죠.

이 천문학자처럼 신호위반을 했을 때, 청색편이를 주장하며 대처한다면 신호위반한 것을 넘길 수는 있겠지만, 속도위반에는 걸릴 수 있습니다. 하지만 신호위반으로 걸리기 싫을 때, 과학적으로 대처할 방법 하나 정도로 알아둘 수는 있을 것 같아요. 아, 물론 신호위반을 처음부터 안 하는 것이 가장 중요하겠지만요.

▸ 김민경

참고자료

- 도로교통공단, 국가법령정보센터, https://www.koroad.or.kr/kp_web/accStatLaw.do
- Kuhn, K. F., & Koupelis, T., 2004, In quest of the universe, Jones & Bartlett Learning.
- Singh, S., 2004, Big bang, Fourth Estate.
- Todd L. Sherman, 2011, MOBILE SCANNER & RADAR-DETECTOR LAWS IN THE UNITED STATES, http://www.fireline.org/scanlaws/

후대에 남겨줄 과학지식을 단 한 문장으로 요약해야 한다면?

어느 날 갑자기 불만이 가득해 보이는 마법사가 당신 앞에 등장합니다. 그 마법사는 서서히 다가오더니 이렇게 속삭입니다. "나는 이제 이 지구상의 모든 과학지식을 사람들의 머릿속에서 지울 거야. 이 문명 세계가 파괴된다는 뜻이지. 하지만 모든 지식을 다 삭제하는 건 너무 가혹하겠지? 난 착한 마법사니까 네가 적은 단 하나의 문장만은 남길 수 있도록 해줄게. 자 여기 펜이 있어. 이제 네가 적는 이 한 줄만이 후대에 전해질 거야." 이게 무슨 날벼락인지, 이제 곧 스마트폰도 사라지고 유튜브도 못 보게 됩니다. 이때 여러분이라면 어떤 문장을 후대에 남겨주고 싶으신가요?

이와 비슷한 질문에 멋진 대답을 한 과학자가 있습니다. 바로 아인슈타인에 버금갈 정도로 유명한 과학자인 리처드 파인만입니다. 그는 다음과 같이 대답했어요. "만일 모든 과학지식을 사라지게 만드는 재앙으로 후대에 남겨줄 과학지식이 단 한 문장밖에 남아 있지 않다면 그 문장은 "모든 물질은 원자로 이루어져 있다.(All things are made of atoms.)"가 될 것이다. 그 이유는 원자론이 세상에 대한 방대한 정보를 줄 수 있기 때문이다." 원자가 얼마나 대단한 존재이길래 위대한 과학자가 이런 말을 한 걸까요? 원자의 정체에 대해 알아봅시다.

원자보다 더 작은 것들에 대하여

파인만의 이야기에 따르면 우리의 뇌, 귀여운 강아지, 지금 읽고 있는 책, 달콤한 초콜릿을 포함한 모든 물질이 원자로 이루어져 있습니다. 신체를 이루는 뇌, 손톱, 손가락, 발가락, 눈동자, 눈에서 흐르는 눈물까지도요. 아무리 봐도 모두 다른 요소들이지만 어디서 왔는지 기원을 묻다 보면 원자라는 공통된 답이 나옵니다. 모든 물질의 구성요소인 원자는 세상을

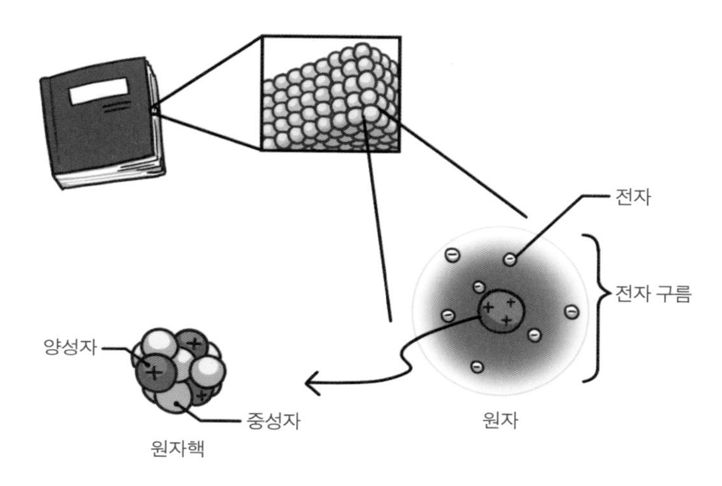

· 물질의 구성요소 ·

구성하는 그 자체라고 말해도 과언이 아닙니다. 하지만 원자는 우리 눈에 보이지 않습니다. 원자의 크기가 아주 작아 맨눈으로는 관찰할 수 없기 때문이죠. 지금 읽고 있는 이 글이나 우리의 손가락을 오랫동안 째려본다고 원자가 갑자기 보이거나 튀어나오지 않습니다.

만약 원자가 눈에 보인다면 유레카를 외치기보단 병원에 빨리 가봐야 해요. 원자 1억 개를 차곡차곡 쌓아 올린다고 해도 손톱깎이로 잘려나가는 새끼손가락의 손톱정도밖에 되지 않거든요. 1803년에 돌턴이란 과학자는 실제로 보지 못했음에도 원자라는 존재가 있을 것이라 생각했어요. 그는 "물질은 더 이상 쪼갤 수 없는 원자로 이루어져 있다."라고 주장했고, 이는 현재의 원자 개념을 확립하는 데 큰 기여를 했습니다. 원자론이 과학자들에게 받아들여진 후 전자를 발견하기 전까지 사람들은 원자보다 더 작은 존재는 없다고 생각했어요.

하지만 원자가 더는 쪼개질 수 없다는 돌턴의 예상과는 달리 원자 안에 더 작은 구성요소들이 존재합니다. 원자의 세계에는 어떠한 요소들이 살고 있을까요? 원자의 중심에는 매우 작은 원자핵이 있고 그 주변에는 그보다도 더 작은 전자가 있어요.

원자를 구성하는 입자는 양(+), 음(-) 그리고 중성, 이 셋 중에 하나의 성질을 띠는데, 전자는 이 중 음(-)의 성질을 지닌 입자입니다. 그리고 원자핵은 양(+)의 성질을 가져요. 원자핵은 원자의 전체 부피에서 약 10조분의 1 정도만 차지할 정도로 매우 작습니다. 만약 원자가 거대한 축구장 크기라고 한다면, 원자핵은 축구공보다도 훨씬 작습니다. 전자는 그보다도 더 작아서 경기장 어딘가를 지나가는 개미 정도의 크기밖에 되지 않죠. 하지만 원자핵은 크기는 작아 보여도 아주 무거운 입자예요. 원자 전체 질량의 대부분을 차지할 정도죠. 그에 비해 전자는 그 질량을 무시해도 될 정도로 작은 질량을 가지고 있습니다.

놀랍게도 이렇게 작은 원자핵을 또다시 양성자와 중성자로 쪼갤 수 있습니다. 양성자는 (+) 전하를 띠고, 중성자는 아무런 전하도 띠지 않아요. 이들이 매우 강한 힘으로 묶여 원자핵을 이룹니다. 원자마다 양성자의 수는 모두 다르기 때문에 각 원자가 가진 양성자의 개수에 따라 원자번호를 지정합니다. 그렇기에 주기율표에서 원자들은 각자 고유한 번호를 가지고 있습니다.

수소(H)와 탄소(C)로 예를 들어봅시다. 원자번호 1번은 우주에서 가장 흔한 수소(H)입니다. 수소는 원자번호가 1번이니 양성자 개수가 하나겠네요. 모든 생명체의 기초가 되는 탄소(C)는 원자번호가 6번입니다. 이를 통해 탄소는 6개의 양성자를 가졌음을 알 수 있어요.

지구상에서 전자가 사라진다면

원자는 원자핵과 전자가 있지만 그 크기가 너무 작아서 원자의 공간 대부분은 텅 비어 있는 상태예요. 사실상 인간들이 열망하는 금, 다이아몬드도 속이 비어 있는 셈이죠. 그런데 두 가지 의문이 듭니다. 먼저 물질을 구성하는 원자의 대부분이 텅 빈 공간이라면 우리는 어떻게 서 있을 수 있고 다른 물건을 만질 수 있을까요?

우리는 문을 열기 위해 문고리를 잡거나 의자에 앉을 때 아무 문제 없이 문을 열고 의자에 앉습니다. 이론대로라면 의자에 앉을 때마다 의자를 구성하고 있는 원자핵의 빈 공간 사이로 우리의 엉덩이가 스르르 들어가야 합니다. 하지만 그런 일은 일어나지 않죠. 그 이유는 전자들 덕분입니다. 엉덩이의 원자 속 전자들과 의자의 원자 안에 있는 전자들이 서로를 밀어냅니다. 자석이 같은 극을 밀어내듯이 (-)를 띠는 전자끼리 만나면 척력이 생기면서 밀어내게 됩니다. 이러한 성질로 원자핵의 빈 공간으로 다른 원자핵이 침투하지 못합니다. 덕분에 우리는 아무 걱정 없이 의자에 앉았다 일어날 수 있습니다.

두 번째로 다음과 같은 질문을 할 수 있습니다. "원자의 대부분이 텅 빈 공간이라면 우리의 몸을 포함한 모든 물질이 투명해야 하지 않나요?" 물질들이 불투명한 이유는 원자의 빈 공간에 빛도 침투할 수 없기 때문이에요. 원자의 99.9…%는 비어 있어서 사실 세상의 99.9…%가 비어 있다고 할 수 있지만 전자의 반발력 때문에 불투명하게 보여 공간이 차 있는 것처럼 보일 뿐이죠. 만일 전자가 사라진다면 99.9…%가 빈 공간으로 구성된 원자가 형태를 유지할 수 없게 됩니다. 더불어 지구상의 인간, 동물, 식물, 그리고 휴대전화 등 모든 것이 눈 깜짝할 사이에 보이지도 않을 정도로 작은 먼지가 되죠.

지금까지 원자가 모든 물질을 이루는 기본 요소라는 사실과 원자가 어떻게 이루어져 있는지에 대해 알아봤어요. 모든 물질을 단 하나의 단어, '원자'로 설명할 수 있다는 점은 편리하고 혁명적입니다. 원자를 모른다면 과학자들은 여전히 이 세상의 많은 질문들에 대답하지 못하고 머리를 꽁꽁 싸매고 있을 거예요. 여러분도 파인만의 답변에 동의하시나요?

▸ 안효주

참고자료

· 김상욱, 2017, 김상욱의 양자 공부, 사이언스북스.
· 리처드 파인만, 2003, 파인만의 여섯 가지 물리 이야기 (박병철 역), 승산.
· 칼 세이건, 2006, 코스모스 (홍승수 역), 사이언스북스.
· Chang, R., & Goldsby, K., 2016, Chemistry, 12th ed., McGraw-Hill Education.

아몬드가 죽으면 다이아몬드

다이아몬드는 지구상에 존재하는 비싼 보석 중 하나입니다. 그런데 다이아몬드는 왜 비쌀까요? 그 이유를 알기 위해서는 다이아몬드의 특징을 알아야 합니다.

다이아몬드는 인도에서 처음으로 발견됐어요. 하지만 당시에는 다이아몬드를 지금처럼 장신구 용도로 사용하지 않았습니다. 다이아몬드는 세상에서 가장 단단한 물질이라고 불릴 만큼 높은 온도에도 잘 녹지 않아요. 그래서 이러한 특징을 살려 다른 물질을 깎고 부수는 용도로 사용하였습니다. 때문에 다이아몬드라는 이름도 그리스어로 '정복할 수 없다'라는 뜻을 가진 '아다마스(adamas)'라는 단어에서 유래했습니다.

다이아몬드의 이런 성질은 많은 사람들에게 다이아몬드가 특별한 보석으로 보이게 만들었어요. 기원전 7세기 인도에서는 왕과 전사들이 단단한 다이아몬드가 자기 자신을 지켜주지 않을까 하는 생각에 부적으로 사용하기도 했습니다. 당시는 전쟁이 많은 시기였기 때문에 이러한 전통이 오랫동안 지속되었죠. "다이아몬드를 가지고 있는 자는 천하무적일 것"이라는 믿음은 15세기 유럽까지 이어져, 왕들만 독점할 수 있었습니다. 그래서 일반 사람들이 다이아몬드를 쓸 수 있게 된 건 약 600년 정도밖에 되지 않았어요. 만약 이러한 관습이 현대에도 남아 있었다면 우리는 아마 다이아몬드를 볼 수도 만질 수도 없었을지도 모릅니다.

다이아몬드는 1867년 남아프리카공화국에서 다이아몬드 광산이 발견되면서 생산량이 매우 늘어났습니다. 그 덕분에 왕이 아닌 우리도 다이아몬드를 접할 수 있게 되었습니다.

다이아몬드는 매우 단단하기 때문에 다듬는 과정이 까다로워 많은 비용이 발생합니다. 빛을 내지 않는 투박한 원석이 반짝이는 보석이 되기 위해서는 원석을 깎고 다듬어야 하는데, 다이아몬드는 워낙 단단해서 14세기 이전까지는 가공할 수 있는 방법이 없었어요. 때문에 14세기 베니스에서 가공법이 연구되어서야 비로소 우리가 잘 아는 형태로 사용할 수 있게 되었습니다. 이렇게 다듬어진 다이아몬드는 크기, 색, 깎인 모양에 따라서 가격이 천차만별입니다. 크기가 클수록 더 비싸고, 투명하면서 빛을 잘 반사시킬 수 있도록 깎은 것이 더욱 더 고가입니다.

그 아름다움에 다이아몬드를 원하는 사람은 많지만 너무 비싸서 구하기란 쉽지 않죠. 하지만 여기 쉽고 값싸게 다이아몬드를 얻을 수 있는 방법이 있습니다. 그건 바로 아몬드를 죽이면 돼요! 왜냐하면 아몬드를 죽이면 다이(Die)아몬드가 되니까… 말도 안 되는 소리 하지 말라고요? 일단 제 얘기를 한 번 들어보세요.

사실 아몬드로는 만들 수 없지만 흑연으로는 만들 수 있습니다. 흑연은 여러분이 자주 사용하는 연필심입니다. 흑연으로 다이아몬드를 만들 수 있는 이유는 둘 다 탄소로 이루어져 있기 때문이죠. 근데 왜 다이아몬드는 잘 닳지 않고 잘 부서지지 않는데 흑연은 쉽게 닳고 부서질까요? 그 원인은 결정구조에 있습니다. 흑연은 탄소 원자가 층층이 쌓여 있고, 그 층 사이가 서로 끌어당기는 힘으로 이루어져 있어서 잘 부서지고 쉽게 닳습니다. 반면에 다이아몬드는 탄소 원자끼리 서로 꽉

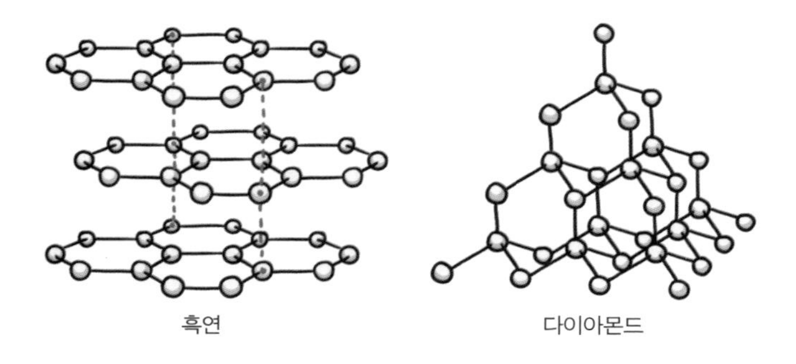

· 다이아몬드와 흑연의 결정구조 ·

잡고 있어서 매우 단단한 성질을 띱니다.

그래서 흑연이 다이아몬드가 되려면 흑연의 결정구조가 바뀌어야 해요. 흑연에 높은 온도와 압력을 가해서 결정구조를 바꾸면 다이아몬드를 만들 수 있습니다.

이렇게 흑연을 다이아몬드로 바꿀 수 있는 것처럼 비교적 저렴한 물건을 비싸게 만들려는 노력은 아주 오래전부터 있었습니다. 기원전부터 연금술사라 불리는 사람들이 값싼 물질을 비싼 물질로 바꾸기 위해 정말 오랫동안 노력했거든요. 연금술은 고대 그리스와 이슬람 그리고 유럽 등에서 성행했습니다. 연금술사들은 주로 구리, 납과 같은 비교적 싼 금속으로 금을 만들려는 시도를 했어요. 그 시도는 정말 다양했는데,

헤니히 브란트라는 연금술사는 오줌과 금의 색상이 비슷하다는 이유로 오줌을 금으로 바꾸려 했으나 결국 실패하였습니다. 또 다른 연금술사 니콜라 플라멜은 수은을 금으로 바꾸는 데 성공했다고 주장했으나 그의 주장을 제외하고는 수은을 금으로 바꾸었다는 증거가 없기 때문에 그 진위는 알 수 없었죠.

수 세기 동안 수많은 시도와 연금술사들의 노력이 있었지만 성공한 사례는 없었습니다. 그럼에도 연금술이 우리 과학 발전에 크게 기여했다는 것은 분명한 사실이에요. 과거의 연금술사들 덕분에 다양한 연금술을 위한 기구들이 만들어졌고, 지금의 실험 장비의 초석이 되었습니다. 또한 새로운 원소들이 많이 발견되었죠.

그런데 흑연으로 다이아몬드도 만들었는데, 왜 연금술로 금을 만들 수는 없었을까요? 다이아몬드와 흑연은 구성 원소가 탄소로 동일하기 때문에 결정 구조를 바꾸어 흑연을 다이아몬드로 바꿀 수 있었습니다. 그러나 철과 납은 애초에 다른 원소이기 때문에 이를 금으로 바꾸는 것은 불가능합니다. 연금술에서 흔히들 이용하였던 납은 양성자 82개를 가지고 있고, 금의 원자에는 79개의 양성자를 가지고 있죠. 그렇다면 납에서 양성자 3개를 빼면 금이 되겠네요! 하지만 그렇게 간단한 문제는 아닙니다. 양성자가 단단하게 묶여 있기 때문에 더하고 빼기가 어렵습니다.

그렇게 수 년간 불가능이라고 여겨졌던 연금술사들의 오랜 꿈은 1911년 뉴질랜드 과학자인 어니스트 러더퍼드에 의해 이루어졌습니다. 비록 연금술과는 조금 다르지만요. 그는 백금 원자에 양성자를 강하게 충돌시켜 금 원자로 바꾸었습니다. 그러나 이 방법이 상용화되지는 못했는데, 그 이유는 만들어지는 금의 값보다 그 과정에 드는 비용이 더 많이 들기 때문입니다. 심지어 이 과정에서 드는 비용을 최소화한다고 하더라도 사실 금보다 백금이 더 비쌉니다. 백금을 더 값싼 금으로 바꾸어 팔 수는 없겠죠?

'실패는 성공의 어머니'라는 말을 들어본 적 있지 않으신가요? 이는 토마스 에디슨이 한 말입니다. 우리는 살아가면서 목표를 이루기 위해 열심히 노력하지만 때때로 실패라는 쓴맛을 경험합니다. 실패의 경험은 생각보다 사람을 무기력하게 만들어요. 때문에 다시 도전하기 쉽지 않고, 한 번 더 목표에 도전하기 위해서는 더 많은 의지와 노력을 필요로 하죠.

에디슨의 말은 실패를 발판 삼아 도전하면 성공할 수 있다는 의미입니다. 비록 실패가 나를 무기력하게 만들더라도, 그리고 목표를 이루지 못한 채 실패한다고 하더라도 나의 노력이 헛된 행동은 아닙니다. 실패에서도 배울 점은 항상 있죠. 만약 이번 주는 반드시 책 한 권을 다 읽어야겠다고 목표를 정했는데 숙제가 많아서 책을 반밖에 읽지 못했다고 해봅시다. 목표치에 도달하지 못했으니 실패한 경험이겠지만 여기서 배울 점은 있어요. 책 읽는 습관이 조금씩 생기게 되기도 하고, 책 읽을 시간이 왜 부족했는지 생각하며 시간 분배를 제대로 할 수도 있고, 목표에 도달하는 속도를 조절하게 되어 무리한 목표를 잡지 않을 수도 있습니다. 이렇게 실패 원인을 발판 삼아 점차 나아갈 수 있습니다.

그리고 사실, 내가 실패했던 부분을 다시 도전해서 꼭 성공할 필요는 없습니다. 연금술은 끝내 실패했지만 과학 장비 발전에 큰 기여를 했고, 새로운 원소도 많이 발견했습니다. 이처럼 실패의 경험을 응용할 수도 있고, 내가 더 잘하는 분야를 찾을 수도 있기 때문입니다. 실패를 두려워하지 말고 다양한 생각을 통해 주변에 또 다른 가능성을 살펴보는 것은 어떨까요?

▸ 조서희

참고자료

· 송오성, 김득중, 2004, 합성과 고온고압처리 다이아몬드의 감별 연구, 한국산학기술학회논문지, 5(5), 395-402.
· 정세진, 2016, 다이아몬드 반지에 대한 역사적 고찰-다이아몬드의 커팅 형태와 세팅기법을 중심으로-, 기초조형학연구, 17(2), 449-460.

레고 속에 숨겨진 화학을 찾아서

다들 어렸을 적 한 번쯤 가지고 놀았던 레고(LEGO)를 기억할 거예요. 레고는 여러 가지 블록 조각을 자유롭게 조합해서 무엇이든 만들 수 있는 조립 장난감입니다. 어린아이부터 어른까지 모두 즐길 수 있는 매력적인 장난감으로, 전 세계적으로 인기를 끌고 있죠. 언뜻 보면 과학과는 전혀 관계없어 보이는 레고 속에는 화학 원리가 숨겨져 있답니다. 어떤 원리가 들어 있는지 같이 알아봅시다.

원자는 물질을 구성하는 기본 입자이고, 원자들이 여러 개 모여 분자를 만듭니다. 원자와 분자를 레고 장난감으로 생각해본다면 원자를 레고 블록 하나로, 분자를 다양한 레고 블록

(원자)이 모인 레고 구조물로 볼 수 있어요. 모양과 크기가 다른 레고 블록들이 다양하게 존재하듯이, 원자도 다양한 종류들이 존재해요. 각각의 조그만 레고 블록들은 그저 단순한 육면체일 뿐이지만, 이런 레고 블록들이 모여서 무서운 용, 거대한 성, 멋진 탱크같이 의미 있는 레고 구조물이 됩니다. 분자 구조도 마찬가지입니다. 각 원자는 그저 조그만 레고 블록 하나와 같지만, 이 원자들을 모아 분자를 만들면, 새로운 성질을 가진 멋진 분자가 됩니다.

레고로 만드는 경이로운 작품

단순히 취미로만 생각되는 레고를 조립하는 직업이 있다는 사실을 아시나요? 레고 회사에서 공식적으로 인정한 직업인 레고 작가는 LCP(LEGO Certified Professional)라고 불리며, 레고 블록을 조립하여 새로운 레고 구조물을 만듭니다. 어쩌면 과학자도 레고 블록을 조립하는 레고 작가와 비슷한 일을 한다고 생각해요. 레고 작가가 레고 블록들을 조립하여 새로운 레고 구조물들을 만들듯이, 과학자는 실험실에서 기존의 물질들을 조립하여 새로운 물질을 만들어냅니다. 주변에 레고 블록이 있고, 이를 어떻게 조립할지만 안다면 우리도 언제 어디서든 레고를 조립해 멋있는 작품을 만들 수 있죠. 분자가 만들어지는 과정도 레고 작품이 만들어지는 과정과 똑같아요. 분자를 만드는 데 쓰이는 레고 블록, 즉 원자를 준비하고 규칙을 지키며 원자를 조립하면 우리도 멋있는 분자를 만들어낼 수 있어요.

레고로 귀여운 입체 강아지 모양을 만들어봅시다. 우선 레고 블록을 준비해야 해요. 계획 없이 무작정 조립하다 보면 강아지가 아닌 다른 모양으로 완성될 수 있으니 조립하기 전에 강아지 모양을 전체적으로 어떻게 만들지 잘 생각해야 합니다. 레고 블록을 하나하나 조립하다 보면 짜잔, 어느새 귀여운 강아지 모양이 완성되었네요.

입체 강아지 모양을 만들었으니 이번에는 강아지를 닮은 분자를 조립해봅시다. 술의 주요 성분인 '에탄올(C_2H_5OH)' 분자가 바로 그 주인공입니다. 강아지 모양 에탄올 분자를 만드는 과정도 레고로 강아지를 만드는 과정과 똑같아요. 에탄올 분자를 구성하는 탄소(C) 레고 블록 2개, 수소(H) 레고 블록 6개, 산소(O) 레고 블록 1개를 강아지 모양으로 조립하면 에

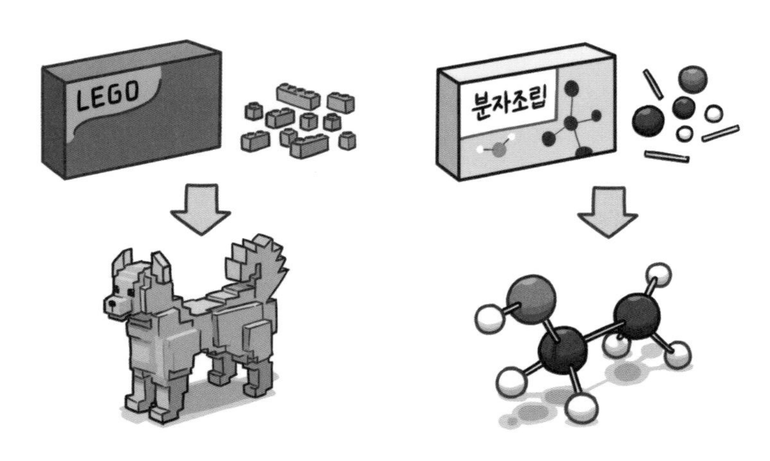

· 레고로 강아지 만들기 ·

원소	기호	인체구성비
산소	O	65.0
탄소	C	18.5
수소	H	9.5
질소	N	3.2
칼슘	Ca	1.5
인	P	1.0
칼륨	K	0.4
황	S	0.3
나트륨	Na	0.2
염소	Cl	0.2
마그네슘	Mg	0.1
미량 미네랄 아연, 철, 구리, 셀레늄, 붕소, 크롬, 망간, 코발트, 요오드, 몰리브덴, 바나듐, 실리콘		1.0 이하

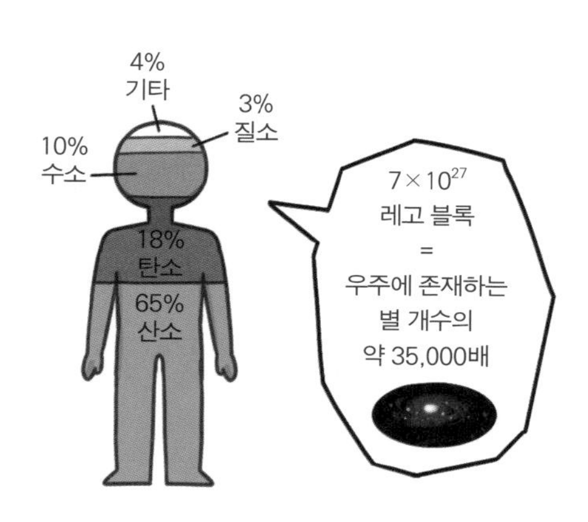

· 레고로 우리 몸 만들기 ·

탄올 분자를 만들어낼 수 있습니다. 강아지 모양 분자인 '에탄올'이 어떤 모양으로 조립되었는지를 화학에서는 '분자구조'라고 불러요.

우리는 앞서 조그맣고 간단한 입체 강아지 모양을 만들었죠. 이번에는 크고 복잡한 레고 작품을 만들어봅시다. 레고로 우리 몸을 한 번 만들어볼까요? 우선 몸을 구성하는 모든 레고 블록을 준비해야 합니다. 필요한 레고 블록들을 준비하려면 몸을 이루는 원자에는 몇 종류가 있는지 알아보아야겠네요. 우리 몸은 주요한 4가지 종류의 레고 블록으로 이루어져 있어요. 산소(O), 탄소(C), 수소(H), 질소(N)의 총 4가지 블록이 우리 몸의 96% 정도를 이루고, 칼슘(Ca), 인(P), 칼륨(K), 황(S), 나트륨(Na), 염소(Cl), 마그네슘(Mg)의 총 7가지 종류의 레고 블록까지 합치면 우리 몸의 99.7% 정도를 이루고 있습니다. 우리 몸을 이루는 주요한 11가지 블록을 제외한 다른 종류의 레고 블록들이 우리 몸의 나머지 0.3%를 이루고 있습니다.

우리 몸을 조립하는 데 필요한 레고 블록의 종류를 알았으니, 이제는 레고 블록이 모두 몇 개가 필요한지 알아야겠네요. 몸무게가 70kg인 성인의 경우, 몸에는 대략 7×10^{27}개의 원자가 존재해요. 따라서 몸을 만들려면 7×10^{27}개, 즉 7,000,000,000,000,000,000,000,000,000개의 레고 블록들이 필요합니다. 보이시 주립 대학의 천문학 부교수인 브라이언 잭슨에 의하면, 우주에 존재하는 별들의 숫자가 대략 2×10^{23}개라고 예측된다고 해요. 이 사실을 고려해본다면, 우주에 존재하는 별들의 개수의 약 35,000배나 되는 어마어마하게 많은 레고 블록들을 준비해야겠네요. 엄청나게 많은 레고 블록들을 조립하는 과정을 거쳐서 만들어진 우리 몸은 원자라는 레고 블록으로 만들어진 경이로운 작품인 셈이죠.

세상에 없던 분자를 찾아서

자신만의 방법으로 레고를 조립하여 새로운 모양을 만들어내듯이, 과거에 없던 새로운 분자구조를 만든 사례가 있답니다. 2012년 '클라라 레이젠'이라는 이름의 소녀는 이런 방식으로 새로운 분자를 만들었어요. 어느 날, 선생님이 교육용 조립 장난감으로 분자모형을 만들어보라는 숙제를 내셨어요. 당시 10살인 클라라 레이젠은 교육용 조립 장난감을 만지작

· 새로운 분자구조를 만드는 클라라 레이젠 ·

거리다가 어떤 분자모형을 조립해 숙제로 제출했어요.

클라라의 특이한 분자모형을 본 순간 선생님은 특별한 느낌을 받았습니다. 선생님은 이 모형을 친구인 훔볼트 대학의 화학 박사 로버트 죌너 교수에게 보냈고, 죌너 교수는 이 모형을 컴퓨터로 분석했습니다. 놀랍게도 죌너 교수는 클라라가 만든 분자가 새로운 분자구조임을 발견합니다. 클라라는 기존에 없던 테트라니트라톡시카본($C_5N_4O_{12}$, Tetranitratoxycarbon)이라는 이름의 새로운 분자구조를 만들었습니다.

10살 아이가 세상에 없던 새로운 분자구조를 만들다니, 정말 놀라운 일이죠. 물론 분자구조를 만드는 것은 레고를 단순히 쌓는 것보다 더 어렵고 복잡합니다. 지켜야 할 규칙이 없어 자유롭게 만들 수 있는 레고에 비해, 분자구조를 만들 때는 특정한 규칙들을 지켜가며 만들어야 하기 때문이죠. 그러나 만약 여러분도 책에서 본 익숙한 분자구조 외에 이런 분자구조도 가능하지 않을까 생각한다면 주저하지 말고 원자와 분자라는 레고를 마음껏 조립해보세요! 여러분이 번뜩이는 아이디어로 만든 구조가 이 세상에 없던 새로운 분자구조가 될 수 있답니다. 그때 혜성처럼 등장할 새로운 분자구조를 만날 생각에 벌써 기대되네요.

우주의 모든 물질은 원자라는 레고 블록으로 구성되어 있습니다. 따라서 우리는 다양한 레고 블록들을 모아서 조그만 분자구조에서부터 거대한 생명체 등 어떤 것이든 자유롭게 만들 수 있어요. 레고 상자 속에는 레고 블록을 어떻게 조립하는지에 대한 조립설명서가 있지만, 원자가 우주 전체를 어떻게 조립했는지에 대한 설명서는 아쉽게도 존재하지 않습니다. 그래서 우리는 수많은 시행착오를 통해 원자가 어떻게 조립되었는지 스스로 찾고 있습니다. 우리가 레고 블록을 조립하는 건 그저 놀이가 아닌, 우주라고 하는 위대한 레고 작품

속에서 원자인 레고 블록이 어떻게 조립되었는지 알아가면서 우주의 원리를 이해하는 과정일지도 모르겠네요.

▸ 김주영

참고자료

· 장홍제, 차상원, 2019, 진짜 궁금했던 원소질문 30, 동아사이언스 pp.19–24.

· Brown, T. L., LeMay, E., Bursten, B. E., Murphy, C., Woodward, P. M., & Stoltzfus, M. W., 2015, 일반화학 제13판 (일반화학교재연구회 역), 자유아카데미.

· Helmenstine, A. M., 2019, April 05, How many atoms there are in the human body, ThoughtCo, https://www.thoughtco.com/how-many-atoms-are-in-human-body-603872

· Hoogenboom, J., 2017, Molecular design, synthesis and evaluation of chemical biology tools (Doctoral dissertation, Wageningen University and Research).

· Jackson, B., 2021, September 20, How many stars are there in space? The Conversation, https://theconversation.com/how-many-stars-are-there-in-space-165370

· Zoellner, R. W., Lazen, C. L., & Boehr, K. M., 2012, A computational study of novel nitratoxycarbon, nitritocarbonyl, and nitrate compounds and their potential as high energy materials, Computational and Theoretical Chemistry, 979, 33-37.

싫은 일과 힘든 일을 원심분리하고 싶을 때

빨아서 방금 말린 뽀송뽀송한 이불을 덮고 있으면 포근한 느낌에 기분이 좋아집니다. 매일 방금 말린 이불을 덮고 싶지만 이불 빨래는 자주 하기 어렵습니다. 부피도 크고 마르는 데 시간이 오래 걸리기 때문이죠. 이럴 때 빨래를 좀 더 빠르고 뽀송하게 만들기 위해서 탈수기를 사용합니다. 탈수기는 원통에 젖은 빨래를 넣고 작동시키면 빙글빙글 돌아가면서 물이 빠지게 만들어요.

이런 원리는 원심분리기에도 적용됩니다. 원심분리기는 흙탕물과 같이 여러 물질이 섞인 혼합물을 빠르게 회전시켜 질량에 따라 분리할 수 있는 기계입니다. 원심분리기는 실험실에서 섞여 있는 샘플을 분리하거나, 필요한 샘플을 농축시킬 때 등 다양하게 사용됩니다. 사용법과 원리가 간단해 실험실뿐만 아니라 여러 곳에서 활용되고 있어요.

우리가 좋아하는 버터나 크림을 만들 때도 원심분리기가 사용됩니다. 우유분리기라는 이름으로요. 최초의 우유분리기는 우유를 넣고 손잡이를 잡고 빠르게 돌리면, 우유에서 지방을 따로 분리할 수 있었습니다. 최근에는 기술의 발전으로 손잡이를 직접 돌리지 않아도 모터가 대신 돌아가 우유에서 지방을 분리해요. 이렇게 분리된 지방이 우리가 알고 있는 버터와 크림이 됩니다.

최초의 우유분리기가 작동하는 원리를 본 스위스의 생물학자 프리드리히 미셔는 세포 소기관을 분리하는 실험에 이 원리를 적용했어요. 그 결과, 핵산이라는 중요한 물질을 발견할 수 있었죠. 미셔의 실험이 성공한 것을 본 다른 과학자들도 이 원리를 적용해 장비 개발을 시작했습니다. 그중 테오도르 스베드베리는 1924년에 중력보다 5,000배나 큰 힘을 내는 초원심분리기를 발명하는 성과를 이루며 노벨 화학상을 수상했어요. 또한 제임스 왓슨과 프랜시스 크릭은 원심분리기 덕분에 최초로 유전 물질인 DNA를 발견할 수 있었습니다. 이렇게 기술이 점차 발전함에 따라 원심분리기는 다양한 물질들을 분리할 수 있게 되었습니다. 하지만 아쉽게도 원심분리기가 모든 물질을 분리할 수는 없어요.

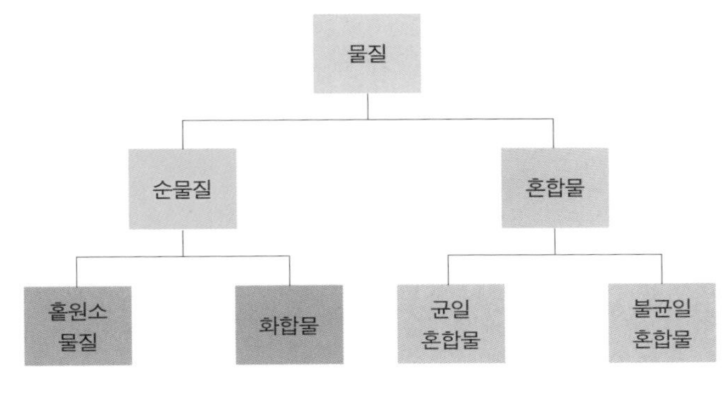

· 순물질과 혼합물 ·

물질은 크게 순물질과 혼합물로 나눌 수 있습니다. 순물질이란 한 가지 원소만으로 이루어져 있는 것도 있고, 두 가지 이상의 원소가 합쳐져 만들어진 화합물로 이루어져 있는 것도 있습니다.

가장 대표적인 화합물은 바로 '물'입니다. 물은 수소 원자와 산소 원자로 이루어져 있습니다. 수소는 불에 닿으면 폭발하는 폭발성이고, 산소는 불이 더욱 잘 타오르도록 돕는 조연성이에요. 이 둘이 합쳐지면 물은 세계 최고의 폭발물일 것 같지만 정작 물은 불을 끄는 훌륭한 도구입니다. 이는 수소와 산소가 화합물이 되면서 원래 가지고 있던 각자의 성질을 잃고, 새로운 성질이 만들어졌기 때문입니다.

이와 달리, 섞이더라도 완전히 하나가 되지 않고, 원래의 성질을 잃지 않는 물질을 '혼합물'이라고 합니다. 대표적인 혼합물로는 흙탕물이 있어요. 흙탕물은 가만히 두면 물과 흙으로 나뉩니다. 물과 흙이 합쳐져 완전히 하나가 되지 않았기 때문에 본래의 성질을 잃지 않고 있던 물과 흙이 분리가 되는 것이죠.

화합물은 완전히 하나가 되어 본래의 성질을 잃었기 때문에 원심분리기로 분리가 되지 않지만, 완전히 섞이지 않아 본래의 성질을 잃지 않은 혼합물은 원심분리기로 분리가 됩니다. 병원에서는 이런 원리를 이용해 헌혈한 피의 성분을 용도에 맞게 분리해 사용하거나 말라리아를 진단하기도 합니다. 말라리아는 말라리아 원충이 우리의 몸에 있는 적혈구에 기생하면서 각종 질병들을 일으키는 병입니다. 주로 모기로 전파되는데 짧게는 2주, 길게는 무려 12개월에 거친 잠복기를 가집니다. 잠복기가 끝나면 두통, 고열, 구토 등의 증상이 나타날 수 있죠. 말라리아 검사는 적혈구를 직접 확인해서 이루어집니다. 혈액을 뽑아 원심분리기에 넣게 되면 적혈구만 분리할 수 있어 더욱 쉽게 말라리아 기생충을 확인할 수 있습니다. 때문에 원심분리기는 병원에서 쓰이는 아주 중요한 기계이고, 덕분에 많은 사람을 살릴 수 있답니다.

하지만 원심분리기의 가격은 적게는 몇십만 원에서 몇백만 원 정도로 매우 비싸다는 단점이 있어요. 하지만 말라리아가 흔한 대부분의 국가들은 검사 환경이 열악해 원심분리기의 가격과 관리 비용을 감당하기가 쉽지 않습니다. 이런 한계를 극복하기 위해 '마누 프라카시'(Manu Prakash)라는 발명가는 어린 시절 가지고 놀았던 '실팽이'에서 원리를 떠올려 종이 원심분리기를 발명했어요. 실팽이의 양 끝을 말아 잡아당기면 빠르게 돌아가는 모습을 보고 아주 저렴한 종이 원심분리

· 종이 원심분리기와 실팽이 ·

기를 개발한 것이죠. 프라카시의 종이 원심분리기는 재료도 구하기 쉽고 저렴해 누구나 쉽게 만들 수 있습니다. 아래 방법을 따라하면 여러분도 집에서 쉽게 만들 수 있어요.

준비물

두꺼운 원형 종이 여러 장, 풀, 고리 2개, 두꺼운 실, 똑딱단추, 테이프 투명한 빨대 총 7가지 재료가 필요합니다.

1. 여러 장의 두꺼운 원형 종이를 겹칩니다.
2. 테이프로 원형 종이 양면에 똑딱단추 1개씩을 중심에 붙입니다.
3. 송곳으로 똑딱단추가 붙어 있는 부분을 뚫고 그 사이에 실을 끼웁니다.
4. 실을 끼운 후 양 끝에 고리 2개를 답니다. 끈을 감고 양 끝의 고리를 잡아당깁니다. 원심분리기가 잘 돌아가는지 확인해줍니다.
5. 원심분리기가 잘 돌아간다면 투명 빨대를 준비한 후 그 안에 혼합물을 넣습니다.
6. 빨대의 양쪽을 막고 원심분리기 중앙에 붙입니다. 이때 한쪽에 무게가 쏠리지 않도록 조심해서 중앙에 잘 붙여주세요.

그런 다음, 고리를 잡고 돌리면 층 분리를 관찰할 수 있답니다!

이렇게 원심분리기와 종이 원심분리기를 만드는 방법까지 알아봤습니다. 원래의 모습으로 다시 분리할 수 있는 원심분리기가 참 편리하다는 생각이 듭니다. 우리에게도 싫은 일이나 힘든 일이 있을 때 따로 분리해낼 수 있다면 얼마나 좋을까요? 그러나 안타깝게도 힘든 일이나 싫은 일을 분리해내는 기계는 아직까지도 발명되지 않았습니다. 발명되었다 하더라도 우리의 고달픈 마음은 순물질이기 때문에 분리하기 어려운 것일지도 모릅니다.

원심분리기로 힘든 일과 싫은 일을 분리할 순 없지만 다행히 우리의 기분을 좋아지게 해줄 수 있는 것은 많습니다. 맛있는 걸 먹을 수도 있고 친구와 대화를 하며 스트레스를 풀 수도 있죠. 밖에 나가 잠시 산책을 다녀올 수도 있습니다.

힘들거나 싫은 일이 생긴다면 그 어두운 기분에 잠식되기 쉽습니다. 이럴 때 잠깐이라도 기분전환을 하면서 그 기분을 떨쳐보세요. 그러다 보면 다가올 어려운 일을 생각보다 쉽게 시작할 수 있는 원동력이 됩니다. 하루에 한번이라도 자신에게 여유로운 쉼을 주는 것은 어떨까요?

▸ 조서희

· 권용수, 홍도관, 김동영, 안찬우, 한근조, 2002, 산업용 원심분리기의 실린더와 스크류 진동해석, 한국정밀공학회 학술발표대회 논문집, 803-806.

· 김은옥, 이미숙, 이상오, 이선화, 김양수, 우준희, 지현숙, 류지소, 1998, 한국인에서 발생한 말라리아의 임상적 특징, 대한감염학회, 30(5), 431-438.

이케아에서 물과 소금을 시키셨네요

띵동! 이케아에서 주문한 물과 소금이 도착했습니다. 이케아는 미완성된 조립제품을 판매하는 곳으로 유명합니다. 덕분에 가격이 상대적으로 저렴한 편이며, 직접 자신이 원하는 가구를 조립할 수 있다는 특별한 경험까지 선물해주죠. 물론 이케아에서 물과 소금을 조립제품으로 파는 사악한 일은 하지 않으니 상상력을 발휘해 읽어주세요. 앞쪽 그림 속 남자의 당황한 표정을 보니 물과 소금을 조금 더 싼 가격에 사려고 이케아에서 주문했다가 분해되어 있는 걸 보고 헛웃음이 나는 것 같군요. 그럼 안쓰러운 저 남자를 돕기 위해 물과 소금을 조립하는 방법을 함께 알아봅시다.

소금과 물은 원자들이 결합하여 만들어져요. 그렇다면 원자는 왜 결합하는 걸까요? 그 이유는 바로 원자가 안정적인 상태가 되고 싶기 때문이에요. 그들은 안정한 상태가 되고자 일종의 짝짓기 게임을 해요. 상대방과 짝을 짓는 이 게임에는 하나의 규칙이 있습니다. 바로 자신의 가장 바깥에 있는 전자의 개수가 8개가 되도록 짝을 짓는 거예요. 8이라는 숫자가 마음의 안정을 주기 때문에 원자들은 이 숫자를 달성하기 위해 서로 짝이 됩니다. 예외가 있긴 하지만 일반적으로 대다수의 원자들이 이 규칙을 따릅니다. 이러한 원자들은 가장 바깥의 전자 개수가 8개가 되지 않으면 불안함을 느껴요. 불안감을 해소하기 위해 짝짓기 게임을 하는 원자들은 다양한 방식으로 결합합니다.

염소 원자와 나트륨 원자의 만남, 소금

결합방식을 구체적으로 알아보기 전에 재료부터 분리해봅시다. 물(H_2O)은 산소 원자(O)와 수소 원자(H)로 구성되어 있고, 소금(NaCl)은 나트륨 원자(Na)와 염소 원자(Cl)로 이루어져 있으니 이대로 나누면 되겠네요. 자, 이제 결합방식을 알아볼 차례입니다. 아쉽게도 소금과 물은 결합하는 방식이 다릅니다. 둘의 결합방식이 똑같다면 하나의 방법만 알아도 되겠지만, 그림 속 저 남자는 물과 소금을 만들려면 고생 좀 하겠네요. 물은 원자들이 전자를 함께 공유하며 결합합니다. 소금(염화나트륨)은 자석과 같이 서로 반대의 극이 끌어당기는 방식을 통해 결합하지요.

먼저 소금의 결합방식을 알아봅시다. 소금은 전자를 받으려 하는 성질을 가진 원자와 전자를 주려는 원자 사이에서 생겨납니다. 가장 바깥쪽 전자의 개수를 8개로 만들고 싶은 원자는 짝짓기 게임을 시작합니다. 나트륨 원자는 가장 바깥쪽 전자가 1개이며, 염소 원자는 가장 바깥쪽 전자가 7개입니다. 염소 원자는 1개만 더 채우면 8개가 됩니다. 나트륨은 8개를 만들기 위해 7개를 채우기보다 1개를 버리는 게 더 현명한 선

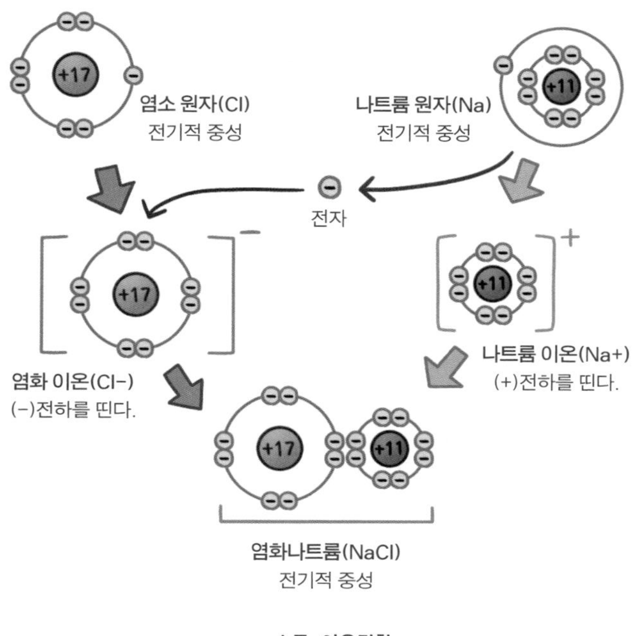

· 소금-이온결합 ·

택일 거예요. 나트륨 원자는 전자 1개를 버리기를, 염소 원자는 전자 1개를 갖기를 원하니 서로 짝을 지으면 되겠네요. 방금 커플 1호가 탄생했어요. 나트륨 원자는 염소 원자와 짝을 지을 때 (-)를 띠는 전자 1개를 버림으로써 (+)를 띱니다. 마찬가지로 염소 원자는 나트륨 원자로부터 전자 1개를 얻었기 때문에 (-)를 띠게 됩니다.

이때 (+)가 된 나트륨 이온과 (-)가 된 염화 이온은 마치 자석처럼 행동합니다. 자석의 N극과 S극은 정반대의 극을 띠기 때문에 서로 가까이 놓으면 끌어당깁니다. (+)를 띠게 된 나트륨과 (-)가 된 염소는 서로 정반대의 전하를 띱니다. 상반되는 전하를 띤 두 물체는 자석처럼 서로 끌어당기는 힘이 생기며 강하게 묶입니다. 소금을 만드는 과정을 보니 나트륨과 염소를 구매한 후 실험을 하기보단 완성된 소금을 사는 게 훨씬 효율적이겠네요.

물, 산소 원자와 수소 원자의 윈-윈 관계

우리는 신비한 화학의 세계를 느꼈지만 그림 속 남자는 환불을 해야 할지 엄청난 고뇌를 하는 중이래요. 슬프게도 물을 만드는 과정 또한 쉽지 않답니다. 지금이라도 몽땅 환불하고 마트로 달려가는 게 현명한 선택일까요? 그럼에도 남자에게 물 제조법은 쉬울 수 있으니 희망을 가지라 격려하며 물의 결합방식을 알아봅시다.

물은 원자들이 전자를 완전히 주거나 뺏지 않고 공유하는 방식으로 짝을 짓습니다. 공유결합방식은 주로 힘이 비슷한

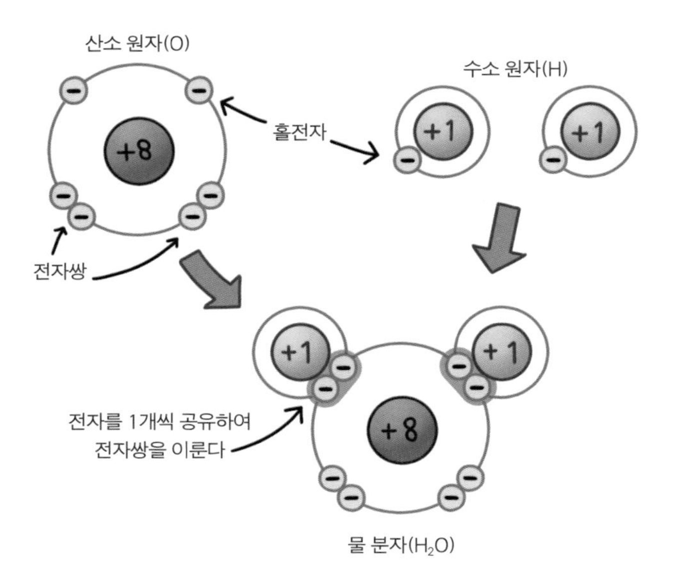

· 물-공유결합 ·

원자들 사이에서 일어납니다. 비등한 힘을 가지고 있기에 각자 원하는 숫자인 8개가 되도록 전자들을 함께 '공유'하기만 한다면 사이좋게 지냅니다. 잠깐 과거로 돌아가 학교에서 반 대항전으로 줄다리기 시합을 했던 경험을 떠올려봅시다. 줄다리기를 할 때 한쪽 팀이 압도적으로 힘이 세면 약한 팀이 강한 팀 쪽으로 완전히 넘어가버립니다. 하지만 두 팀의 실력이 비등하다면 어느 쪽도 완전히 넘어가지 않고 하나의 줄을 공유하고 있는 상황이 됩니다. 공유결합은 힘이 비등한 팀들간의 줄다리기와 비슷하다고 볼 수 있어요. 두 개 이상의 원자가 하나의 전자를 동시에 공유하면서 결합하고 있기 때문입니다.

하지만 줄다리기와 다른 점이 있다면 공유결합에서 원자는 실제 줄다리기 시합처럼 한쪽이 이겨야 끝나지 않습니다. 가장 바깥쪽 전자가 8개가 되기만 하면 안정해지기 때문에 함께 공유만 해도 윈-윈(win-win) 관계가 됩니다. 물은 산소 1개에 수소 2개가 결합해 만들어집니다. 산소 원자의 가장 바깥쪽 전자의 개수는 5개이고 수소 원자는 1개입니다. 산소 원자의 바깥쪽 전자가 8개가 되기 위해서 2개의 전자가 더 필요합니다. 우주에서 가장 가볍고 작은 원자인 수소는 예외적으로 전자를 8개가 아닌 2개만 채워도 안정해집니다. 산소 원자 1개에 2개의 수소가 결합하면서 위의 그림과 같이 산소는 전자 8개를 채우고 수소는 2개를 채웁니다. 이 둘도 짝짓기 게임에 성공하면서 커플 2호가 탄생했네요.

사막이 아름다운 이유는

지금까지 소금과 물을 만드는 과정을 보았어요. 소금은 요리를 한층 맛있게 해주는 물질이지만, 소금(NaCl)을 구성하는 나트륨(Na)과 염소(Cl)는 위험한 물질입니다. 나트륨이 물과 반응했을 때 엄청난 폭발로 이어질 수 있기 때문이죠. 물을 만든 후에 소금을 만들려고 나트륨을 꺼냈다가 큰 사고가 날 수도 있겠네요.

염소도 나트륨만큼이나 위험한 물질이에요. 염소 기체는 제2차 세계대전에서 유대인을 학살했던 잔인한 독가스로 활용되었습니다. 염소 기체가 체내에 들어가면 몸 속의 수분에 녹게 됩니다. 그러면서 염산이 되어 폐와 장기들을 녹입니다. 우리가 먹는 소금은 폭탄을 제조할 수 있는 나트륨과 독가스로 활용되었던 염소의 화합물이네요. 물과 소금을 조립해야 하는 그림 속 남자도 실험하다가 다칠 수 있으니 조심해야겠어요. 소금을 구성하는 나트륨과 염소는 위험하지만, 둘이 만나 맛있는 소금을 만들듯이 화학의 세계는 요리의 세계와 비슷하군요.

물을 만들 때 필요한 수소 분자(H_2)와 산소 분자(O_2)도 위험성을 가지고 있어요. 앞에서 언급했듯, 수소는 폭발성이고 산소는 조연성이에요. 하지만 이들이 합쳐지면 물이 탄생합니다. 이렇게 만들어진 물은 불을 끌 뿐만 아니라 생명의 시작에서 중요한 역할을 해요. 폭발물이 모여 생명을 품는 신비한 물질이 되는 것이죠.

폭발하는 성질을 가진 나트륨(Na)과 독가스가 될 수 있는 염소(Cl)가 만나 맛있는 소금이 되고, 폭발성을 가진 수소 분자(H_2)와 조연성을 지닌 산소 분자(O_2)가 합쳐져 물이 되는 것처럼 화학에서의 결합은 완전히 새로운 성질을 만들어낼 수 있습니다. 마치 차가운 아이스크림과 뜨거운 에스프레소가 만나 아포카토라는 새로운 디저트를 만들어내는 것처럼요. 우리는 기존의 통념에서 벗어났을 때 새로운 것을 창조할 수 있습니다. 그러기 위해선 하나의 대상도 다르게 볼 수 있어야 합니다. 사막을 한번 떠올려봅시다. 아름다운 이미지가 떠오르기보다는 황폐하고 아무것도 없는 부정적인 이미지를 떠올리기 쉽죠. 그러나 생텍쥐페리의 『어린 왕자』에서 어린 왕자는 이렇게 말합니다. "사막이 아름다운 이유는, 어딘가 우물을 숨기고 있기 때문이야."

▸안효주

참고자료

· McMurry, J. E., Fay, R. C., & Robinson, J. K., 2016, 일반화학 7판 (화학교재연구회 역), 자유아카데미.

길거리 전도를 피하는 방법

"저기요 잠시만, 길 좀 여쭐게요. 아, 그런데 인상이 참 좋으시네요."

길을 혼자 걷다보면 이처럼 말을 거는 사람들을 어렵지 않게 볼 수 있어요. 이것을 길거리 전도라고 합니다. 한 번쯤 이러한 전도에 난처했던 경험이 있나요? 거절하기도 어렵고, 그렇다고 이미 붙잡혔는데 뿌리치고 그냥 지나치기에는 상대방의 말을 끊을 수 없어서 하염없이 기다린 적이 있다면 지금 제가 소개할 전도를 피하는 방법이 간절하겠네요!

우선 전도를 피하기 위해 이어폰을 끼고 무념무상 못 본 척 걸어갑니다. 아, 그래도 잡혔다고요? 일단 뛰어서 도망가는

건 어떤가요? 그래도 잡혔다고요? 그분들의 말을 끊기 위해 타이밍을 잡아봅시다. 아차, 그게 어려워서 이 글을 읽고 있군요. 어쩔 수 없이 마지막 비장의 카드를 보여드리겠습니다. 그것은 바로 절연 테이프로 온몸을 감는 것입니다!

전도가 잘 되게 하려면

전도는 전기가 이동하는 방법을 말합니다. 전기의 이동은 전류와 관련이 있어요. 전류는 1초당 전자가 이동하는 양을 뜻해요. 전기회로에 전류를 흐르게 하는 능력을 전압이라고 해요. 물이 흐르기 위해서는 수압이 필요합니다. 수압이 세면 셀수록 물은 잘 흐르게 되죠. 아래 왼쪽과 같이 수압이 같아질 경우 물은 흐르지 못하고 멈춥니다. 이때 물이 잘 흐를 수 있도록 오른쪽 그림처럼 펌프를 달아서 수압의 차이를 준다면 물은 멈추지 않고 잘 흐를 수 있어요. 마찬가지로 전류를 잘 흐르게 하기 위해 전압은 펌프와 같은 역할을 합니다. 물의 흐름이 계속되도록 물을 퍼올리는 펌프와 같이 전압도 전류가 잘 흐를 수 있도록 도와줘요.

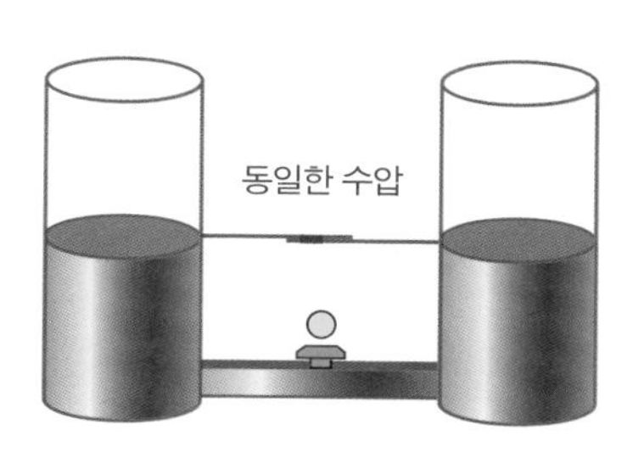

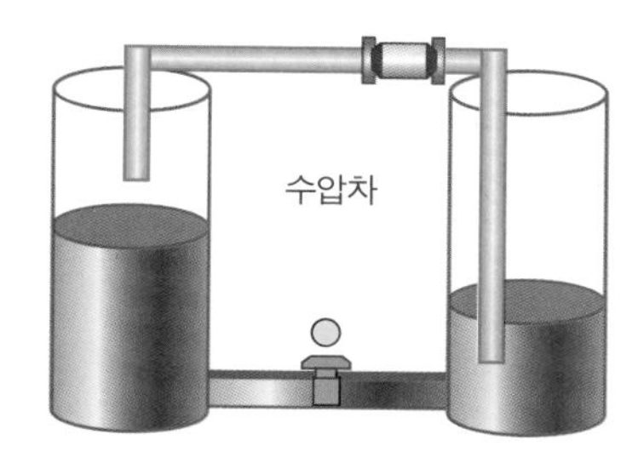

· 다양한 수압 실험 ·

전도가 일어날 때, 에너지 손실은 필연적으로 일어나요. 그래서 효율적으로 에너지를 사용하기 위해서는 에너지 손실을 최소화하는 것이 중요합니다. 에너지 손실을 줄이려면 먼저 전선이 넓어야 돼요. 좁은 길보다 넓은 길을 더 많은 사람들이 지나갈 수 있듯이, 전자도 전선이 넓을수록 더 많은 전자가 지나갈 수 있어요.

하지만 두 도로의 폭이 같다면, 짧은 도로와 긴 도로 중 어떤 도로를 갈 때 힘이 덜 들까요? 짧은 도로가 힘이 덜 들 것입니다. 전자도 마찬가지로 긴 전선보다 짧은 전선을 지날 때 더 잘 이동할 수 있어요. 폭이 좁거나 길이가 긴 전선은 전자가 잘 이동하지 못하게 합니다. 이처럼 전자가 잘 이동하지 못하면 에너지 손실이 일어나요. 이렇게 전자의 이동을 방해하는 요소를 '저항'이라고 합니다. 모든 물체는 저항을 가지고 있어요. 그래서 저항의 정도에 따라 물체를 '도체'와 '부도체'로 나눌 수 있습니다.

도체는 저항의 정도가 작아 전자가 잘 이동할 수 있는 물체를 말합니다. 전자가 잘 이동할 수 있기 때문에 전류가 잘 흐르죠. 대표적으로 철과 구리가 도체예요. 전류가 잘 흐른다는 특성 때문에 이들은 전선의 재료로 많이 쓰입니다. 반대로

'절연체'라고도 불리는 부도체는 저항이 너무 커서 전자가 잘 이동하지 못합니다. 대표적인 부도체로는 종이나 고무, 플라스틱 등이 있어요. 전류가 잘 통하지 않아 전기가 흐르지 않아야 하는 전선의 피복 같은 곳에 많이 쓰입니다. 흔히 볼 수 있는 '절연' 테이프도 '절연체'의 성질을 이용한 거랍니다.

모든 물체는 저항을 가지지만 특수한 상황에서 저항을 가지지 않는 물체도 있습니다. '초전도체'가 바로 특정한 온도 이하에서 저항이 0이 되는 물체입니다. 모든 물체는 저항을 가지고 있지만 저항이 0이 된다는 초전도체의 특수한 성질은 여러 장점을 가지고 있어요. 저항이 없기 때문에 전자의 이동에 방해가 없고, 그 결과 에너지 손실이 0이 됩니다. 에너지를 효율적으로 이용하고자 하는 사람들에게 저항은 큰 골칫거리였는데, 초전도체가 이를 해결할 실마리를 제공한 것이죠. 하지만 초전도체에도 치명적인 단점이 있습니다. 바로 저항이 0이 되는 온도가 아주 낮다는 거예요. 초전도체의 저항이 0이 되도록 만들기 위해 액체 질소를 사용할 정도이니, 정말 낮은 온도가 필요한 것이죠. 그래도 초전도체의 장점이 매우 크기 때문에 MRI나 아주 두꺼운 전선 등에서 유용하게 사용되고 있습니다.

우리가 쉽게 전도되는 이유

우리 몸은 도체입니다. 감전사고를 들어본 적 있나요? 매년 감전사고는 끊임없이 일어나고 있습니다. 감전사고는 몸에 전류가 흐른다는 것을 의미하는데, 여기서 우리 몸이 도체라는 것을 추측할 수 있죠. 우리 몸은 70%가 물로 이루어져 있습니다. 순수한 물은 저항이 매우 높아요. 그래서 전기가 잘 통하지 않습니다. 하지만 우리 몸에 있는 물은 다양한 물질들이 녹아 있습니다. 여러 물질들이 녹아 있는 몸 속의 물은 전기가 아주 잘 통하죠. 그래서 우리 몸은 전기가 통하는 것입니다.

심지어 우리 몸은 전기 신호를 주고받는 기관도 존재하며 이러한 전기 신호를 인식하는 세포도 있습니다. 신경세포는 다른 신경세포에 신호를 전달할 때 전기 신호를 통해 전달합니다. 전기 신호를 받은 신경세포는 또 다른 전기 신호를 생성하여 다른 신경세포에 전달합니다. 여기서 전기 신호는 신경세포 간의 소통을 도와주는 언어와 같은 역할을 합니다. 전기 신호를 받은 세포가 다시 전기 신호를 만들어 또 다른 신경세포에게 전달함으로써 많은 신경세포와 다양한 전기 신호로 소통할 수 있게 됩니다. 그렇기 때문에 우리 몸에는 전기가 조금씩 흐른다고 말할 수 있어요.

전도를 쉽게 당한 이유는 우리 몸이 도체이기 때문입니다. 그러므로 부도체인 절연 테이프를 온몸에 감아서 도체인 몸을 절연한다면 전도가 되지 않는 부도체가 됩니다. 부도체가 된 몸은 전도를 쉽게 당하지 않을 거예요! 절연 테이프를 가지고 다니며 길거리 전도를 당할 위험이 있을 때, 얼른 온몸에 감아보는 것은 어떨까요? 아, 절연 테이프를 온몸에 감는 것은 부담스러운가요? 그런 분들을 위해 전도를 피할 수 있는 한 가지 방법을 더 소개하겠습니다.

여러분의 주변에서 가장 쉽게 볼 수 있는 부도체가 무엇인지 아시나요? 바로 짱돌입니다! 짱돌은 부도체이기 때문에 전도가 쉽게 되지 않습니다. 짱돌을 항상 소지하며 전도 당했을 때를 대비하는 것도 괜찮을지 모르겠네요. 짱돌을 준비하는 것이 어렵다면 전도를 당했을 때 주위를 한번 둘러보며 바닥에 떨어진 돌을 찾는 것은 어렵지 않을 것입니다. 아! 물론 절대 짱돌로 전도를 하는 사람들을 위협하라는 의미가 아닙니다. 과학적으로 전도를 피하기 위한 방법을 소개한 것뿐이에요!

다들 실망하신 눈치네요. 여러분이 생각한 전도가 이게 아니라고요? 같은 전도인데, 그래도 절연 테이프를 온몸에 감고 다니면 아무도 안 건드리지 않을까요?

▸ 김민경

참고자료

· Gerber, U., 2003, Metabotropic glutamate receptors in vertebrate retina, Documenta ophthalmologica, 106(1), 83-87.
· Walker, J., Halliday, D., & Resnick, R., 2014, Principles of physics (10th ed.), Wiley.

인생은 쓰니까 염기성일까?

시험을 못 보거나 원하는 대로 이루어지지 않을 때, '인생은 정말 쓰다.'라고 생각해본 적 있나요? 그런데 인생에서 쓴맛이 나다니 혹시 인생이 염기성이라서 그런 게 아닐까요? 레몬을 먹으면 너무 시어서 얼굴을 찌푸리기도 합니다. 그러다 보면 윙크를 절로 할 때도 있죠. 우리를 윙크하게 만드는 신맛이 나는 이유는 레몬이 산성이기 때문입니다.

반대로 고기를 먹다가 상추를 오래 씹으면 쓴맛이 나는 것을 느낀 적이 있을 것입니다. 이는 상추 같은 채소들이 대개 염기성을 띠기 때문입니다. 이 염기성은 사람들에게 쓴맛을 느끼게 합니다. 가끔 샤워하다가 샴푸가 입으로 들어가면 쓴

맛이 느껴지는데, 샴푸가 염기성을 띠어서 그렇습니다. 샴푸가 무슨 맛인지 기억이 안 난다고요? 그럼 내일 머리를 감으면서 한번 맛을 보세요.

비밀 편지를 쓰고 싶을 때

다음 그림은 각 pH에 해당하는 물질을 나타낸 띠입니다. 우리 몸 속 위에서 분비되는 위액은 pH 2로 강한 산성을 띱니다. 레몬은 pH 3 정도이기 때문에 우리가 레몬을 먹으면 강한 신맛을 느낄 수 있습니다. 느끼한 음식을 먹을 때 꼭 필요한 탄산음료는 pH 4~5 정도의 산성도를, 달고나를 만들 때 필요한 베이킹소다의 pH는 8에서 9 정도죠. 그리고 더러워진 옷

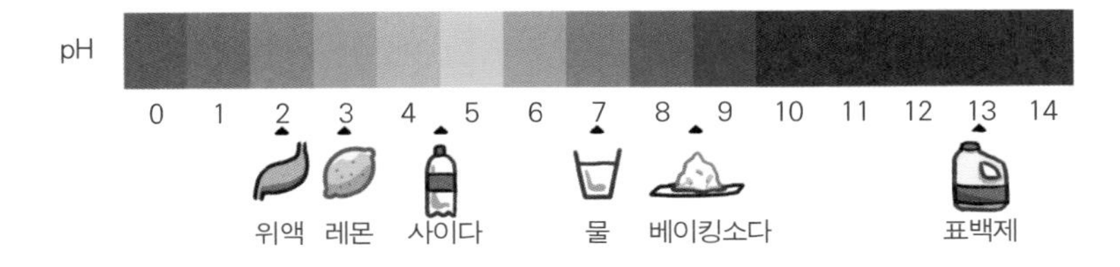

을 깨끗하게 하는 데 필요한 세제 혹은 표백제는 pH 13 정도의 산성도를 가진 강한 염기성입니다.

이렇게 산성과 염기성을 구분할 때 우리는 pH라는 단위를 사용합니다. pH 숫자가 높을수록 염기성, 낮을수록 산성을 뜻해요. 그리고 pH가 7일 땐 중성이라고 합니다. pH 1에서 6 사이인 산성 물질들은 주로 신맛이 납니다. 대표적으로 요구르트, 식초, 레몬, 탄산음료, 위액 등이 산성 물질이죠. pH 8에서 14 사이인 염기성은 쓴맛이 나고 피부에 닿으면 미끌거리는 특성을 가집니다. 대표적인 염기성 물질에는 비누가 있습니다.

하지만 모든 물질의 pH를 맛으로 구분하려고 한다면 위험합니다. 그래서 산성도를 측정할 땐 특별한 도구를 사용해요. 기계를 이용해 정확한 pH를 측정하기도 하고, 리트머스 종이나 지시약을 이용해 쉽고 빠르게 pH를 측정하기도 합니다. 산성도를 측정하는 지시약은 다양한데, 페놀프탈레인과 메틸오

렌지 등이 있습니다. 이 지시약들은 색의 변화를 통해 물질이 산성인지 염기성인지 구분할 수 있도록 해요.

	리트머스 종이	페놀프탈레인 용액	자주색 양배추 지시약
산성	푸른색 → 붉은색	무색	붉은색
염기성	붉은색 → 푸른색	붉은색	연녹색

이런 지시약 중 집에서도 쉽게 만들 수 있는 지시약이 있습니다. 이 지시약을 활용하여 친구들과 비밀 이야기를 할 수도 있답니다. 편지 작성에 앞서 자주색 양배추, 냄비, 물, 체, 붓 2개, 보라색 종이, 비눗물, 투명한 컵을 준비해주세요.

비밀 편지를 작성하는 방법은 아주 간단합니다.

1. 자주색 양배추를 냄비에 넣은 뒤, 물을 붓고 30분 끓입니다.
2. 자주색 양배추 물을 식혀 체에 거르면 양배추 지시약이 완성됩니다.
3. 이 지시약을 붓에 묻혀 보라색 종이에 글을 적습니다.
4. 다 적으면 종이를 충분히 말립니다. 이때 글이 사라지게 됩니다.
5. 또 다른 붓에 비눗물을 묻혀 말린 보라색 종이 위에 칠합니다.

그럼 내가 쓴 글씨가 보이기 시작할 것입니다. 신기하죠?

여기서 내가 쓴 글씨가 안 보이다가 비눗물을 칠하니 다시 보이기 시작하는 이유는 무엇일까요? 바로 염기성인 비눗물이 지시약과 반응해 색이 나타났기 때문입니다. 혹시 나중에 비밀 이야기를 하고 싶으면 이 방법을 사용해보세요.

인생이 쓸 때는 중화반응을 이용해보자

하루는 A씨가 삶은 달걀을 깨끗하게 먹기 위해 세제로 박박 씻었더니 달걀을 씻던 물이 뿌옇게 변하기 시작했습니다. 왜 이런 일이 생긴 걸까요? 염기성(알칼리성) 세제는 수산화나트륨으로 이뤄진 염기성입니다. 염기성 세제는 단백질과 지방을 녹이는 성질을 가지고 있어서 달걀 흰자가 녹으면서 물이 뿌애진 것이죠.

까고 남은 달걀 껍데기를 식초에 넣으면 기포가 발생하며 지독한 냄새가 납니다. 이는 식초가 산성이라서 달걀 껍데기를 녹여버렸기 때문입니다. 달걀 껍데기는 탄산칼슘으로 이루어져 있는데, 탄산칼슘은 산성에 약하거든요. 그래서 탄산칼슘으로 이루어진 대리석 동상이 산성비를 많이 맞으면 점점 녹아내립니다. 이렇게 무시무시한 산성과 염기성 물질을 섞으면 어떻게 될까요? 신기하게도 이 둘이 섞이면 물이 만들어집니다. 그리고 중성이 되죠.

산성과 염기성이 만나 중성이 되는 반응을 '중화반응'이라고 합니다. 중화반응은 우리 생활 속에서도 많이 이용하고 있어요. 우리가 횟집에 가면 항상 레몬이 함께 나옵니다. 그리고 레몬을 짜서 회에 뿌리죠. 이는 염기성인 생선의 비린내 물질을 중화시켜 비린맛을 없애기 위함이에요.

산성도를 이용하면 트리트먼트를 사용하지 않고도 머릿결을 좋게 만들 수 있습니다. 건강한 모발은 약한 산성을 띱니다. 그렇지 않고 염기성이 되면 머릿결이 뻣뻣해지죠. 그래서 산성인 식초를 사용해 모발의 산성도를 유지시켜주면 머릿결이 좋아집니다. 이때 주의해야 하는 점이 있다면 강한 식초를 사용하면 오히려 두피에 손상을 줄 수 있으므로 적당한 농도로 희석을 해서 사용해야 해요. 하지만 식초로 머리를 감으면 냄새가 심할 수 있으니 조심하는 게 좋을지도 모르겠네요.

우리가 인생을 살다보면 종종 정말 쓰다고 느껴질 때가 있습니다. 그럴 때 산성 같은 상큼한 일이 발생해서 우리 인생을 중화해주면 얼마나 좋을까요?

▸ 이효은

참고자료

· 한국과학놀이발명연구회, 2009, 과학왕의 초간단 실험 노트 1 과학왕이 될 수 있는 비법, 가나출판사.
· Oxtoby, D. W., Gillis, H. P., & Butler, L. J., 2015, Principles of modern chemistry, Cengage learning.

세상에서 가장 유명한 고양이

과학계에서 가장 유명한 강아지, '파블로프의 개'를 아시나요? 원래 강아지는 종소리를 듣는다고 해서 침을 흘리지는 않습니다. 하지만 밥을 보면 침을 줄줄 흘리죠. 그런데 밥을 줄 때마다 종소리를 들려주면 상황은 조금 달라집니다. 오랜 기간 밥을 줄 때마다 종소리를 함께 들려주면, 어느 순간부터는 밥을 주지 않더라도 종소리만 들으면 침을 흘립니다. 종소리만 들어도 밥이 나올 거라고 생각했기 때문이죠. 이 실험을 '파블로프의 개' 실험이라고 합니다.

과학계에 유명한 강아지가 있다면, 유명한 고양이도 있습니다. 바로 '슈뢰딩거의 고양이'입니다. 과학을 좋아한다면 이

고양이가 양자역학을 상징한다는 걸 알고 있을 겁니다. 하지만 사실 이 고양이는 양자역학이 완전히 헛소리라는 사실을 밝히기 위해 만들어진 고양이에요.

상자 속 고양이가 죽어 있을 확률은?

양자역학은 눈과 현미경으로도 볼 수 없는 아주 작은 세계에서 일어나는 일들에 관한 학문입니다. 그리고 신기하게도 이 작은 세계에서는 우리가 알고 있는 물리법칙들이 통하지 않죠. 그저 작은 세계의 이야기일 뿐인데 이곳에서는 동시에 여러 장소에서 존재할 수 있고, 존재하면서 동시에 존재하지 않을 수 있는, 말도 안 되는 일들이 벌어집니다.

양자세계에 존재하는 입자들을 '양자'라고 하는데, 양자는 아무도 보지 않을 때에는 존재하면서 존재하지 않는 상태로 있습니다. 그러다가 우리가 양자를 쳐다보는 순간, 존재하거나 존재하지 않는 상태, 둘 중 하나로 정해지죠. 이런 말도 안 되는 성질 때문에 과학계에 양자역학이 처음 소개되었을 때는 이 이론이 망상인지 진짜인지에 대해 과학자들이 열띤 토

론을 벌였습니다.

제5차 솔베이 회의에서 양자역학에 대한 과학적 전쟁이 발발했습니다. 솔베이 회의는 과학계에서 아주 권위 있는 회의인데, 양자역학 전쟁이 벌어졌던 제5차 회의에서는 회의에 초청받은 29명 중 17명이나 노벨상 수상자였어요. 그리고 과학 역사에 다신 없을 이 위대한 모임에서 양자역학을 찬성하는 측과 반대하는 측이 대격돌을 벌이기 시작했죠.

이 회의에서 양자역학을 찬성했던 하이젠베르크와 보어는 양자세계에서는 물질이 존재하면서 동시에 존재하지 않는 상태가 가능하다고 주장했습니다. 그리고 이 상태는 확률로 표현할 수 있다고 했죠. 양자세계에서는 관찰하기 전까지는 양자가 존재하는지 존재하지 않는지에 대해 정확하게 알 수 없기 때문에 '존재한다.'라고 표현하는 게 아니라 '존재할 확률이 68%이다.'처럼 표현할 수 있다는 거예요. 존재하면 하는 거지, 존재할지 안 할지를 정확하게 알 수 없기 때문에 확률로 설명하는 건 당시에는 받아들이기 어려운 개념이었습니다.

그래서 이 주장에 강력하게 반대한 과학자들이 많았어요. 대표적으로 슈뢰딩거와 아인슈타인이 아주 크게 반대했습니다. 특히 아인슈타인은 양자역학을 역겨운 이론이라고 말하기까지 했죠. 아인슈타인은 양자역학이 불완전한 학문이며, 시간이 지나 과학이 충분히 발전하면 양자를 관찰하지 않고도 존재 여부를 정확히 알아낼 수 있다고 주장했습니다. 아인슈타인의 절친한 친구인 슈뢰딩거는 그의 의견에 적극적으로 동의하며 양자역학이 주장하는 이론이 얼마나 헛소리인지 지적해주기 위해 한 가지 사고실험을 예시로 들었습니다.

슈뢰딩거가 제시한 실험은 이러했습니다. 완전히 밀폐되고 불투명한 상자가 있습니다. 여기에 고양이가 들어 있죠. 그리고 한 시간 안에 붕괴될 확률이 50%인 우라늄 입자가 든 장치도 들어 있습니다. 이 장치는 우라늄 입자가 붕괴하면 망치가 떨어집니다. 만약 붕괴하지 않으면 아무 일도 일어나지 않죠. 그리고 망치가 떨어지는 곳에는 청산가리 병을 둡니다.

만약 우라늄 입자가 붕괴하면 망치가 떨어지며 청산가리가 상자에 퍼지고, 고양이는 죽습니다. 하지만 우라늄 입자가 붕괴하지 않는다면 아무 일도 일어나지 않죠. 양자역학에 찬성하는 과학자들의 말에 따르면 우라늄 입자가 붕괴할 확률은 50%이고, 붕괴한 상태와 붕괴하지 않은 상태가 동시에 존재하기 때문에 고양이는 반은 살아 있으면서 반은 죽어 있는 상태가 됩니다. 살아 있으면서 죽어 있는 고양이라니, 좀비 고

· 슈뢰딩거의 고양이 실험 ·

양이도 아니고 상식적으로 말이 안 되는 상태의 고양이가 만들어진 것이죠.

슈뢰딩거는 고양이가 살아 있으면서 동시에 죽어 있을 수는 없으며, 반드시 살아 있거나 죽어 있는 상태로 정해져 있을 것이라고 설명했습니다. 그러므로 장치 안의 우라늄도 붕괴했거나 붕괴하지 않은 상태가 동시에 존재하는 게 아니라 정확히 둘 중 하나의 상태로 있을 거라고 주장했죠. 슈뢰딩거는 보이지 않는 세계인 양자세계에서 벌어지는 일을 보이는 세계인 고양이로 옮겨와서 양자역학을 무너뜨리려고 했습니다.

하지만 양자역학을 찬성하는 과학자들에게 이런 실험은 아무런 문제조차 되지 않았습니다. 그들은 관찰하기 전까지 어떤 상태인지 정해져 있지 않다는 사실에 익숙해져 있기 때문에 비록 정확하게 알 수 없는 게 고양이일지라도 그게 당연하다고 생각했습니다. 그리고 슈뢰딩거의 사고실험이 양자역학을 가장 정확하게 설명했다며 이 고양이를 양자역학의 마스코트로 삼았죠. 바로 과학계에서 가장 유명한 고양이, '슈뢰딩거의 고양이'입니다. 슈뢰딩거는 양자역학을 무너뜨리려다가 양자역학을 가장 잘 표현한 비유를 만들어버린 것입니다.

솔베이 회의 이후 양자역학에 대한 많은 연구가 이루어지며 양자역학은 정식 학문으로 인정받기 시작했습니다. 물론 그렇다고 해서 양자역학의 난해함이 해결된 것은 아니었어요. 양자역학은 수학적으로만 존재할 뿐, 실제로 관측해서 알 수가 없기 때문이죠. 물리학자 리처드 파인만은 '양자역학이 무엇인지 이해했다고 말하는 사람이 있다면, 그것은 새빨간 거짓말이다.'라고 말해 그 난해함을 표현하기도 했으니까요.

우리가 겪어온 양자역학적 현상들

비록 우리는 양자역학이 무엇인지 완벽하게 이해하지는 못했지만, 이미 실생활에는 많이 사용되고 있습니다. 존재와 존재하지 않음, 붕괴와 붕괴하지 않음이 동시에 존재하는 것처럼 여러 상태가 동시에 존재하는 상태를 '중첩 상태'라고 하는데, 이런 성질은 그 활용성이 정말 무궁무진하기 때문이죠. 중첩을 이용하면 0과 1을 사용하는 이진법 체계의 컴퓨터를 벗어나 0과 1, 그리고 중첩 상태의 세 개의 요소를 이용한 삼진법 체계를 사용하는 양자 컴퓨터를 만들 수 있습니다. 양자 컴퓨터는 기존 컴퓨터보다 그 속도가 월등하게 빠르다는 장점을 가지고 있어요.

중첩 상태는 컴퓨터뿐만이 아니라 우리 생활 속에서도 쉽게 찾아볼 수 있습니다. 여러분이 이 책장을 넘기기 전까지는 이 다음 장에 글씨가 쓰여 있는지 아닌지를 알 수 없습니다. 아직 관찰하지 않았기 때문에 글씨가 있거나 없는 상태가 중첩되어 있는 것입니다. 하지만 여러분이 이 페이지를 넘기는 순간 글씨는 쓰여 있거나 없거나의 상태 중 하나로 결정됩니다. 다음 장을 한번 넘겨볼까요?

앞장은 글씨가 존재하지 않는 것으로 상태가 결정이 났나봅니다. 사실 실제로 양자역학 때문에 그런 것은 아니고 정말 백지로 둔 것이지만요. 만약 이 페이지가 아닌 다른 페이지에서 텅 빈 지면을 발견했다면 서점으로 가서 환불을 받으시는 게 좋을지도 모릅니다. 왜냐하면 책은 양자세상이 아닌 눈에 보이는 세상에 있기 때문에 그런 일이 일어날 확률은 아주아주 적거든요.

양자세상의 중첩 상태를 실제로 보기는 매우 어렵지만 사실 우리는 눈에 보이는 세상에서도 비슷한 경험을 자주 하고 있습니다. 예를 들어 벌레를 잡을 때 종이컵으로 덮어두면 종이컵을 열기 전까지는 벌레가 죽었는지 살았는지 알 수 없죠. 우리는 그저 벌레를 잡은 것이지만, 어쩌면 슈뢰딩거의 고양이 실험을 간단하게 재현한 것이라고 볼 수 있습니다. 또, 찬장 안에 쏟아지기 직전의 그릇더미가 있다면 이 상황도 중첩 상태라고 할 수 있어요. 왜냐하면 찬장을 열기 전까지는 그릇이 깨질지 아닐지는 알 수 없으니까요.

우리는 매일 불확실함의 연속 안에서 살아가고 있습니다. 인생은 선택의 연속이고, 선택을 실행하기 전까지는 성공과 실패 확률만 존재할 뿐, 실제로 성공할지 실패할지는 정확하게 알 수 없기 때문이죠. 따라서 직접 겪어보지 않으면 어떤 일이 일어날지는 알 수 없습니다. 그 선택을 실천해야만 성공 혹은 실패로 결정돼요.

우리는 더 좋은 선택을 위해 지나치게 많은 고민을 하기도 합니다. 불확실함은 불안함을 만들거든요. 하지만 어쩌면 미래가 불확실한 건 당연한지도 모릅니다. 양자세상도 불확실함으로 가득한데, 우리 인생도 그렇지 말라는 법은 없으니까요. 그러니까 고민이 너무 많아져 두려움에 삼켜질 것 같을 때는, 고민하기보다 일단 도전해보는 게 어떨까요? 관찰하기 전까지는 알 수 없으니까요!

▸ 최자연